Beginner's guide for mercari

ゼロからはじめる

メルカリ お得に楽しむ！活用ブック

桑名由美［くわなゆみ］

技術評論社

第1章
メルカリを始めよう

第2章
ほしいものを探して購入しよう

第３章 身近なものを出品してみよう

第４章 もっときれいに撮れる！ 商品写真のテクニック

Contents

第7章 もっと稼ぐ! 商品仕入れのテクニック

第8章 こんなときどうする? メルカリQ&A

Contents

ご注意:ご購入・ご利用の前に必ずお読みください

- 本書に記載した内容は、情報の提供のみを目的としています。したがって、本書を用いた運用は、必ずお客様自身の責任と判断によって行ってください。これらの情報の運用の結果について、技術評論社および著者、アプリの開発者はいかなる責任も負いません。

- ソフトウェアに関する記述は、特に断りのない限り、2018年12月10日現在での最新バージョンをもとにしています。ソフトウェアはバージョンアップされる場合があり、本書での説明とは機能内容や画面図などが異なってしまうこともあり得ます。あらかじめご了承ください。

- 本書は以下の環境で動作を確認しています。ご利用時には、一部内容が異なることがあります。あらかじめご了承ください。
  端末 : iPhone 8(iOS 12.1.1)、Xperia XZ1(Android 8.0.0)
  パソコンのOS : Windows 10

- インターネットの情報については、URLや画面などが変更されている可能性があります。ご注意ください。

以上の注意事項をご承諾いただいたうえで、本書をご利用願います。これらの注意事項をお読みいただかずに、お問い合わせいただいても、技術評論社は対処しかねます。あらかじめ、ご承知おきください。

メルカリを始めよう

メルカリってどんなサービス？

テレビCMや雑誌などでよく見かけるメルカリですが、一体どのようなサービスなのでしょうか？ これからメルカリを始めようとする人のために、そもそもメルカリとはどのようなものかをまずは説明します。

メルカリとは

公園や広場で開催されているフリーマーケットには、お店の人と直接会話をしながら買い物できる楽しさがあります。ですが、なかなか一人で参加するのは勇気がいるものです。
そこでインターネット版フリーマーケットの「メルカリ」です。メルカリを始めると、他の人が売っている物をいつでも買うことができます。また、売りたい物があったときには、実際のフリーマーケットとは違い、面倒な手続きをしなくても出品することができます。
メルカリは、スマホにアプリをインストールして利用します。また、パソコンのブラウザーで使うこともできます。

スマホの「メルカリ」アプリの画面

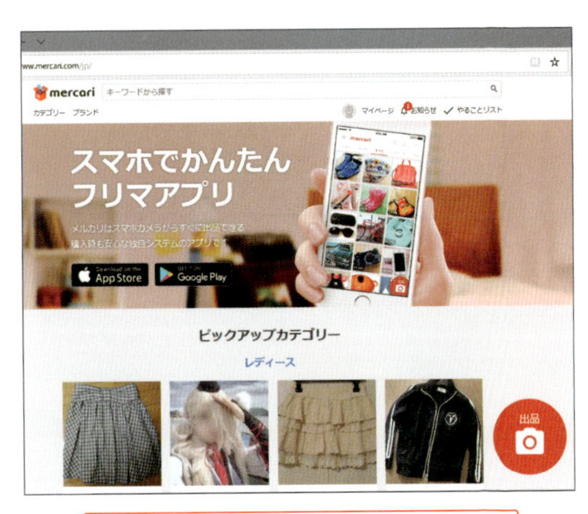

パソコンでアクセスした「メルカリ」の画面

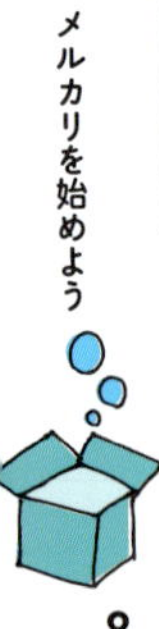

メルカリでできること

購入

メルカリの商品一覧に並んでいる物は、誰でも買うことができます。実際のフリーマーケットのように、商品について質問することも、値下げをお願いすることもできます。

出品

自分で商品を出品して売ることができます。今までゴミとして捨てていた物やリサイクル料を払って引き取ってもらっていた物もメルカリなら買ってもらえます。

売ったお金で買い物

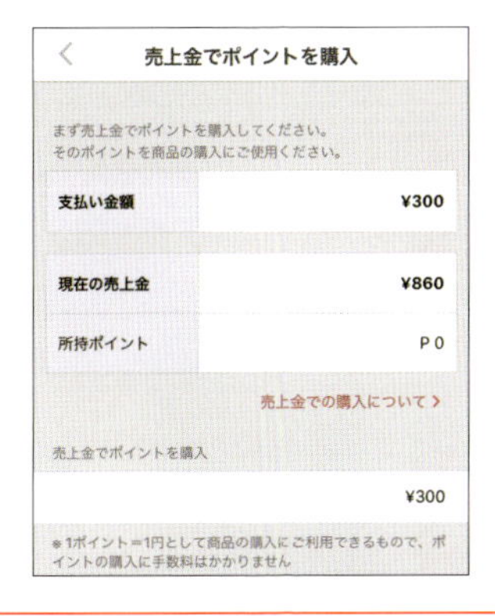

商品を売って得たお金をポイントに替えることで、メルカリ内の商品を買うことができます。「売ったお金で買い物」をすれば、お財布からお金が減ることがありません。

売ったお金を受け取る

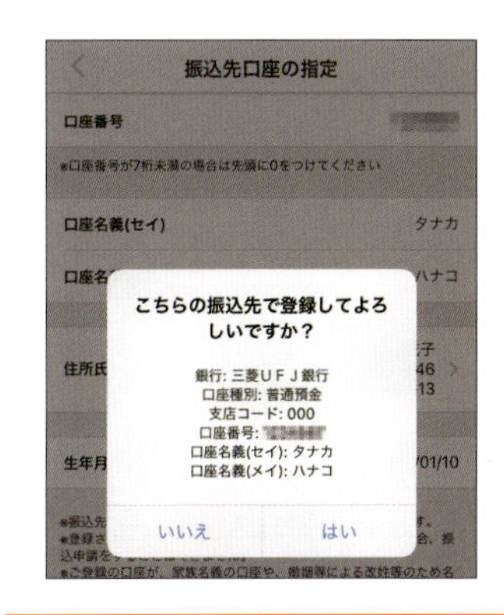

商品を売ったお金を実際のお金にしたいときは、メルカリに申請して自分の銀行口座に振り込んでもらいます。1万円以上なら手数料なしで振り込んでくれます。

メルカリで売り買いできる物

メルカリの商品は、ネットショップのように新品ばかりではありません。「不要品を売る人」と「中古でもよいから安く手に入れたい人」の間で取り引きされるので、使用感のある物や故障している物も多く売り買いされています。

メルカリで売られている物

新品・未使用品

もらったけれど使わない物やサイズ間違えで購入した物などが、新品・未使用品として売られていて、お店よりも安いので買う人がいます。

中古品

財布、衣服、バッグ、コスメなど、昔使っていた物や途中まで使った物が売られていて、使用済みの物でも気にしない人が買っています。

シミや傷がある物

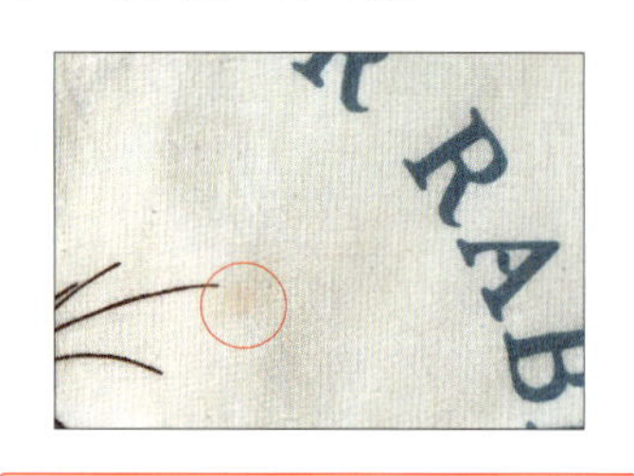

洋服の目立たない部分にシミがあったり、擦り切れていたりしていても、補修して使う人もいます。

ジャンク品

水没して電源が入らないスマホ、キーボードが壊れたノートパソコンなどの故障品も、修理して使える人からは需要があります。

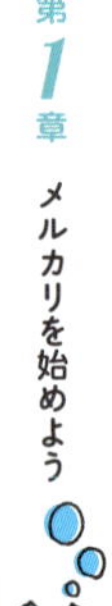

メルカリで売られている意外な物

前ページでは、売り買いされているものとして新品や中古品などを紹介しましたが、それ以外にも実にさまざまなものが出品されているのがメルカリです。意外に思う商品もあるかもしれませんが、いずれも一定のニーズがあるものばかりです。自分の身の回りの不要品でも、誰かにとっては便利なものがあるかもしれません。そういったものは捨ててしまうともったいないので、ぜひメルカリに出品してみましょう。あっという間に売れてしまうかもしれません。

砂

砂、土、石、流木、貝殻は、ハンドメイドの材料や飾り物として売り買いされています。

トイレットペーパーの芯

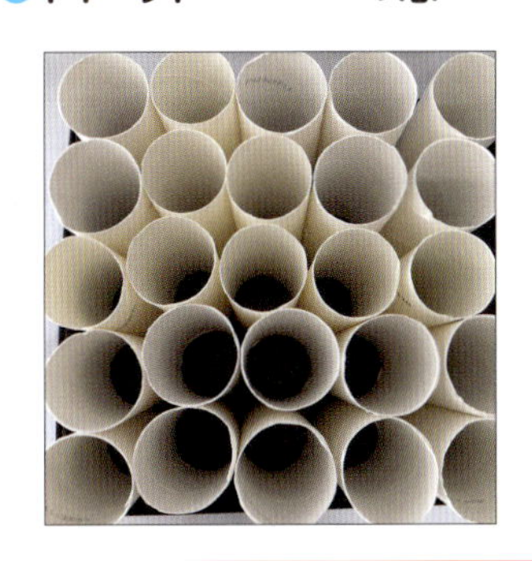

夏休みの工作や実験用に使われます。ペットボトルの蓋、アイスの棒、ワインコルクなども出品されています。

手紙などの代筆

手紙や命名紙、賞状など、達筆な人が代わりに書いてくれます。

空箱・紙袋

スマホの空き箱は、スマホを出品する人が買っています。また、ブランドの紙袋なども人気があります。

Section 03

メルカリで利用できる支払い方法

メルカリでは、クレジットカードを持っていなかったり、銀行口座を開設していなかったりしても、買い物をすることができます。また、お給料日前でお金がないときには、翌月にまとめて支払う方法もあります。

メルカリで使える支払い方法

メルカリで商品を買う時には、お金を一旦メルカリに渡す形になり、相手の口座に直接振り込むことはしません。個人情報を必要以上に開示することなく、安心して利用することができます。
支払い方法は、商品を購入するときに指定された方法から選択します。
クレジットカードや銀行口座を持っていない場合は、コンビニ払いやATM払いを使用できます。ただし、クレジットカード以外の支払い方法は、商品代金の他に支払い手数料が毎回かかることを覚えておきましょう。

支払い方法の選択画面

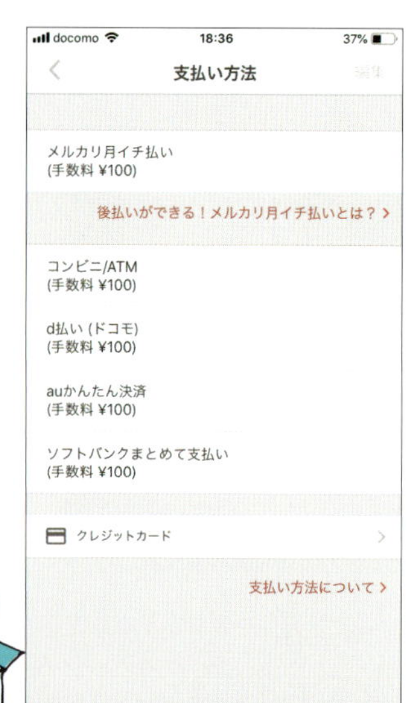

❶メルカリ月イチ払い

お給料が入ってからまとめて支払いたい場合、翌月にまとめてコンビニ/ATMや口座振替で支払うことができます。支払い手数料として商品ごとに100円がかかります。ただし、18歳未満はメルカリ月イチ払いは利用できません。

②コンビニ払い

セブン・イレブン、ローソン、ファミリーマートなど、近所のコンビニで支払いができます。手数料として商品ごとに100円かかります。また、30万円以上の支払いはできません。

③ATM払い

コンビニのレジや銀行の窓口に並ぶのが面倒な場合、ATMを選択すれば、「ネットバンキング」でも支払えます。手数料は商品ごとに100円で、30万円以上の支払いは不可です。

④キャリア決済

契約している携帯電話会社の支払い（d払い、auかんたん決済、ソフトバンクまとめて支払い）が使えます。商品ごとに100円かかります。なお、dポイントでの支払い、auWALLETプリペイドカードでの支払いも可能です。

⑤クレジットカード払い

支払い手数料がかからず、商品代金以外の出費がないので（送料込みでない場合はプラス送料がかかります）お得な支払い方法です。

⑥ポイント払い

キャンペーンや招待くじでもらったポイントで購入ができます。また、売ったお金でポイントを買って支払うことができます。

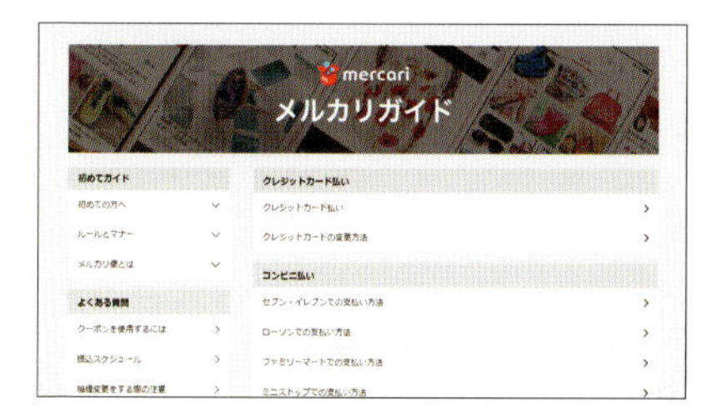

「メルカリガイド」の支払いに関する説明ページ（https://www.mercari.com/jp/help_center/category/6/）

Memo メルカリに招待してもらうとお得

メルカリを始めるときには、誰かに招待してもらうとくじ引きができ、当たったポイントで買い物ができるのでお得です。誰かを招待する場合は、メニューの<招待してポイントをGET>をタップします（Sec.07参照）。

メルカリで利用できる発送方法

売れた商品を購入者に送る方法はいろいろあります。どれを使ってもかまいませんが、「メルカリ便」という配送方法なら簡単かつ安心して送れるのでおすすめです。料金も通常の宅急便よりお得なので積極的に利用するとよいでしょう。

3つの「メルカリ便」

商品の発送方法は、売る人が出品時にサイズや重さをはかって、商品情報の画面に載せます（「未定」にすることも可能）。
いろいろな送り方がありますが、一番おすすめなのは「メルカリ便」です。メルカリ便には、ヤマト運輸を使う「らくらくメルカリ便」、日本郵便を使う「ゆうゆうメルカリ便」があります。メルカリ便には、「宛名書き不要」「匿名で配送できる」「補償がある」「追跡ができる」「通常の宅配便より安い」など、たくさんのメリットがあります。また、大型家電や家具を送る時に使える「大型らくらくメルカリ便」という配送方法もあります。

●らくらくメルカリ便

「ネコポス」「宅急便コンパクト」「宅急便」の3種類があり、商品のサイズによって選べます。発送する際は、ヤマトの営業所だけでなく、セブン・イレブンやファミリーマートなどのコンビニに持ち込んだり、宅急便ロッカー PUDOを使っても送れます。ネコポス以外は、プラス30円で集荷に来てもらうことも可能です。

●ゆうゆうメルカリ便

「ゆうパケット」と「ゆうパック」の2種類があり、商品のサイズによってどちらかを選択します。発送する際は、郵便局またはローソンから送れます。購入者は、自宅以外にも、郵便局、コンビニ、はこぽす（日本郵便の宅配ロッカー）で受け取ることもできます。
なお、執筆時点（2018年12月）では、パソコン版のメルカリでは、ゆうゆうメルカリ便の商品を購入できず、出品側も配送方法にゆうゆうメルカリ便を指定することができません。

大型らくらくメルカリ便

大型家電や家具を梱包、搬出するのは大変なことですが、大型らくらくメルカリ便を使えば、集荷、梱包、搬出、搬入、設置、資材回収まで一通り行ってくれるので楽に送れます。送料が全国一律なので、遠方に送る時はお得です。

配送方法		サイズ	送料
らくらくメルカリ便	ネコポス	A4サイズ・厚さ2.5cm以内	195円
	宅急便コンパクト	専用ボックス（65円）	380円
	宅急便	60サイズ（～2kg） 80サイズ（～5kg） 100サイズ（～10kg） 120サイズ（～15kg） 140サイズ（～20kg） 160サイズ（～25kg）	600円 700円 900円 1,000円 1,200円 1,500円
ゆうゆうメルカリ便	ゆうパケット	A4サイズ・厚さ3cm・重さ1kg以内	175円
	ゆうパック	60サイズ 80サイズ 100サイズ	600円 700円 900円

（2018年12月現在）

その他の配送方法

クリックポスト

Yahoo！JAPANのIDが必要ですが、A4サイズ程度の物（厚さ3cm、重さ1kg以内）を全国一律185円で送れる配送方法です。送る時は、印刷した宛名を貼って郵便局の窓口または郵便ポストに投函します。損害補償はありませんが、追跡は可能です。

普通郵便

薄型の小物類を送るときに、普通郵便の定形サイズなら82円で送れます。定形外もありますが、1kgを超える場合はメルカリ便を使った方がお得です。

その他

その他、「ゆうメール」「レターパック」「ゆうパケット」「クロネコヤマト」「ゆうパック」があります。

Memo　おすすめの発送方法

具体的な商品別のおすすめ発送方法については、Sec.71で紹介します。

メルカリのアプリをインストールしよう

メルカリを利用するには、アプリをインストールするところから始めます。iPhoneではApp Storeから、AndroidではPlayストアからインストールします。無料アプリなので、購入する必要はありません。

iPhoneにアプリをインストールする

1 ホーム画面で<App Store>アプリをタップします。

2 下部の<検索>をタップします。

3 検索ボックスに「メルカリ」と入力して、キーボードの<検索>をタップします。

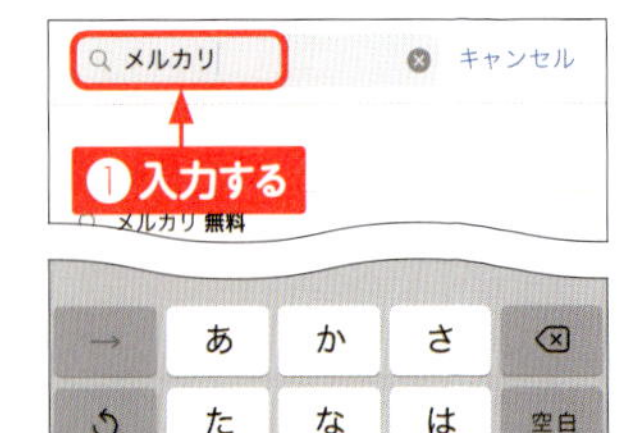

4 検索結果にメルカリのアプリが表示されたら、<入手>をタップしてインストールします。

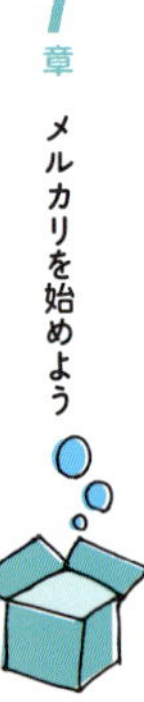

Androidにアプリをインストールする

1 ホーム画面で<Playストア>アプリをタップします。

2 画面上部の検索エリアをタップします。

3 検索ボックスに「メルカリ」と入力し、🔍をタップします。

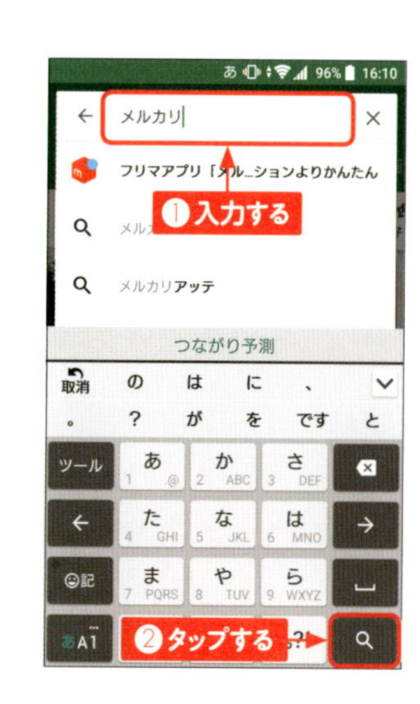

4 検索結果から「メルカリ」の画面を開き、<インストール>をタップすると、ダウンロードが開始します。

アカウントの登録をしよう

メルカリアプリをインストールしたら、アカウントを取得するために手続きをします。メルカリでは、1人1アカウントという決まりがあり、他のスマホやパソコンで使う場合は、同じアカウントで使用します。

アカウントを作成する

1 ホーム画面で<メルカリ>アプリをタップします。

2 説明画面が表示されたら<次へ>をタップします。その後の説明画面も<次へ>をタップしていきます。

3 ログイン画面が表示されたら、<メールアドレスで登録>をタップします。

4 メールアドレス、パスワード、ニックネームを入力します。性別は無回答でも大丈夫です。

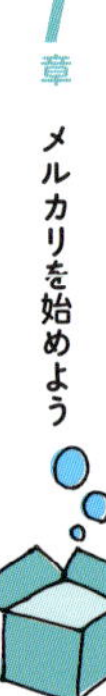

5 招待コード（Sec.03 Memo参照）を持っている場合は入力します。<会員登録>をタップします。

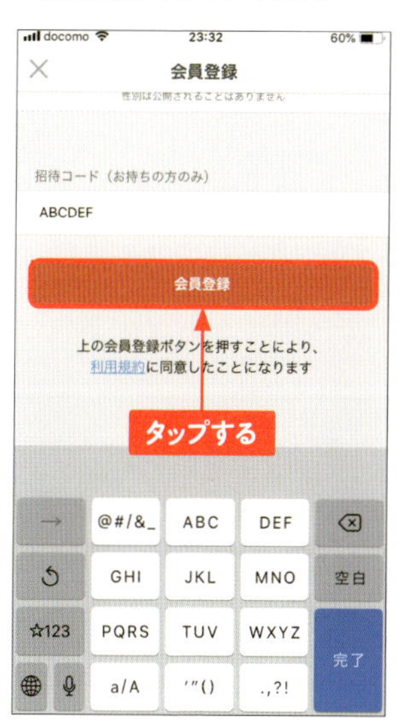

6 携帯の電話番号を入力して、<次へ>をタップします。

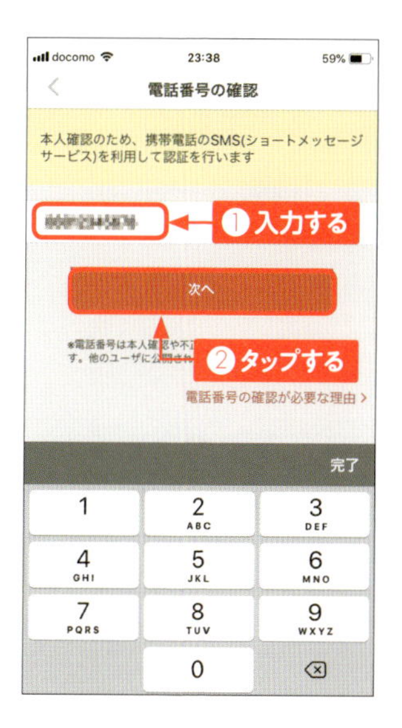

7 メッセージアプリに番号が送られてきます。

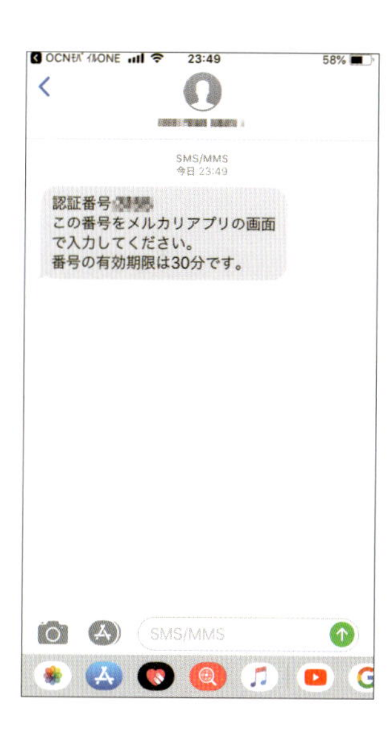

8 メッセージアプリに送られて来た番号を入力し、<認証して完了>をタップします。通知の許可が表示されたら<許可>をタップします。

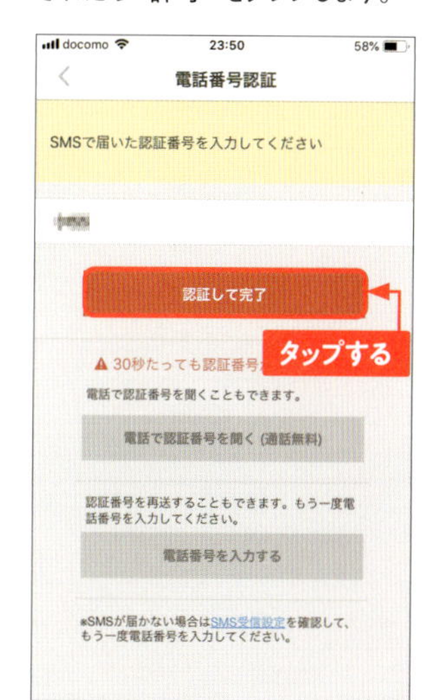

メルカリの画面の見方を知ろう

メルカリを起動した直後に表示されるメイン画面は、頻繁に使用するので、ここで画面構成を確認しておきましょう。また、メニューにはどのような項目があるかを確認しておくとこの後の操作がスムーズにいきます。

ホーム画面

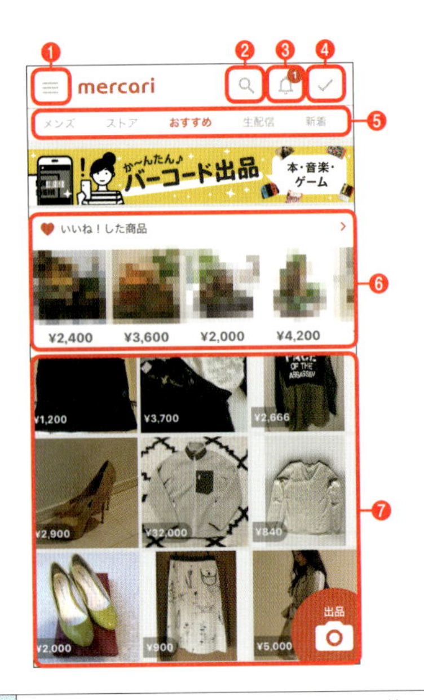

❶メニューボタン	メニューの表示・非表示を切り替えるときに使います
❷検索ボタン	商品を探すときに使います
❸お知らせボタン	いいね!やコメントがあったときの通知やメルカリからのお知らせが表示されます
❹やることリストボタン	次にやるべきことが表示されます
❺バー	「おすすめ」「新着」「レディース」などが並んでいて、ドラッグまたはタップして切り替えることができます
❻いいね!した商品	いいね!した商品がある場合に表示されます（Sec.22参照）
❼商品一覧	商品の一覧が表示されます

メニュー画面

❶プロフィール画像	自分のプロフィール画面を表示します
❷ホーム	ホーム画面を表示します
❸ニュース	メルカリのニュースや問い合わせの回答が表示されます
❹いいね!・閲覧履歴	いいね!を付けた商品と閲覧した商品が表示されます
❺出品した商品	出品した商品一覧が表示されます。取引中や売却済み商品も確認できます
❻購入した商品	購入した商品一覧が表示されます。過去に取り引きした商品も確認できます
❼設定	個人情報の設定ができます。また、売上申請やポイントの確認、お知らせ設定などもできます
❽ガイド	メルカリの使い方を調べることができます
❾お問い合わせ	メルカリ事務局に問い合わせたいときに使います
❿招待してポイントGET	他の人をメルカリに招待したいときに使います

プロフィールを設定しよう

プロフィールは、自己紹介のページです。物を売るときにどんな人かをチェックされるので、丁寧に入力しておいた方が売れやすくなります。また、プロフィール画像はメッセージのやり取り時に表示されるので、感じのよい画像にしておきましょう。

プロフィール画像を設定する

1 メルカリアプリを起動し、左上の<メニュー>ボタンをタップします。

2 <設定>をタップします。

3 設定画面が表示されるので、<プロフィール>をタップします。

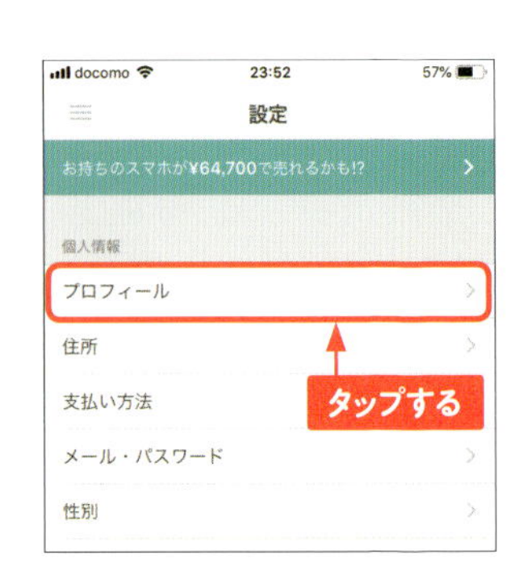

4 ニックネームを変更する場合は入力します。<プロフィール画像>をタップします。カメラへのアクセスのメッセージが表示された場合は<OK>（Androidでは<許可>）をタップします。

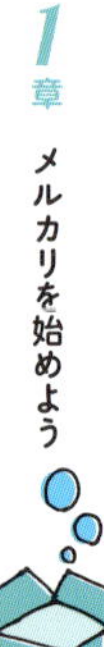

5 <カメラ>ボタンをタップして写真を撮影します。撮影済みの写真を使用する場合は🖼をタップして選択します。

6 <完了>（Androidでは<設定>）をタップします。

自己紹介文を入力する

1 自己紹介文を入力し、<変更する>（Androidでは<設定>）をタップします。

2 設定画面に戻ったら、<メニュー>ボタンをタップします。<ホーム>をタップするとホーム画面に戻ります。

住所や支払い方法を設定しよう

購入した商品を送ってもらうには、送り先となる住所が必要です。ここで入力しておけば、買う時に入力する手間を省けます。また、いつも使用する支払い方法も設定しておけば、購入手続きがスムーズに進みます。

 住所と生年月日を入力する

1 左上の<メニュー>ボタンをタップし、<設定>をタップします。

2 <住所>をタップします。

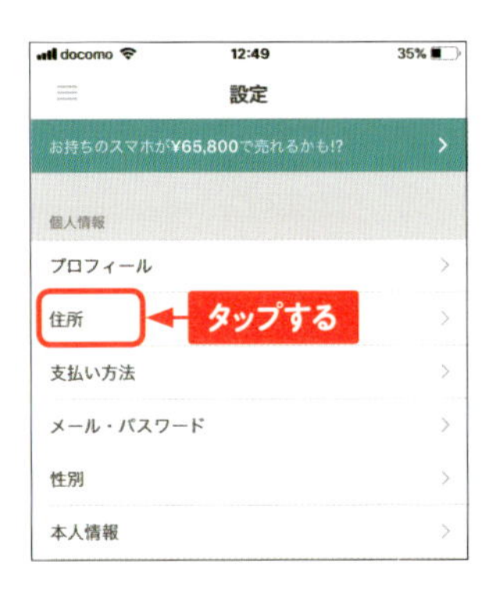

3 <新しい住所を登録>をタップします。

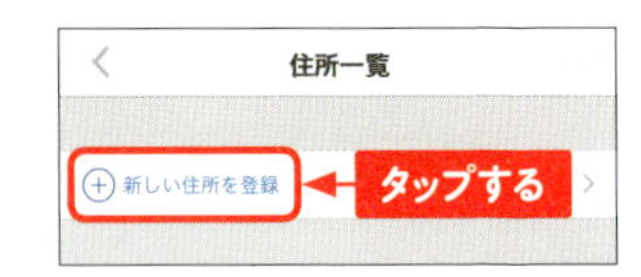

4 氏名や住所を入力し、下部の<登録する>をタップします。登録したら左上の「<」(Androidでは「←」)をタップします。

①入力する
姓（全角） 田中
名（全角） 花子
姓カナ（全角） タナカ
名カナ（全角） ハナコ
郵便番号（数字） 1620846
都道府県 東京都
市区町村 新宿区
番地 市谷左内町21-13
建物名（任意）
電話番号 0312345678
②タップする
登録する

第1章 メルカリを始めよう

5 <本人情報>をタップします。

6 生年月日をタップして設定し、<編集完了>をタップします。

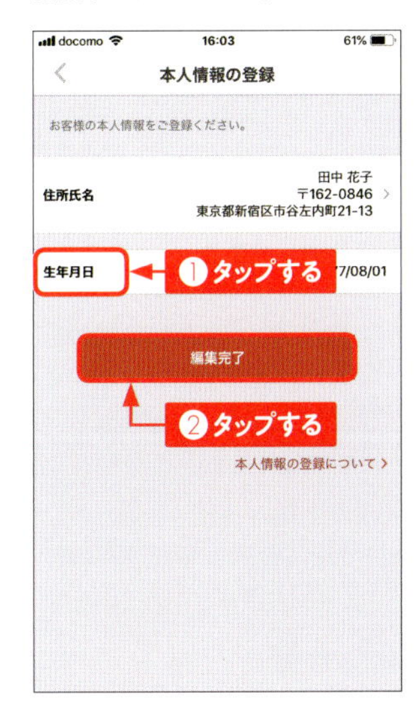

支払い方法を設定する

1 設定画面の<支払い方法>をタップします。

2 いつも使う支払い方法をタップします。 チェックマークが付いたら、左上の「<」(Androidでは「←」)をタップして戻ります。

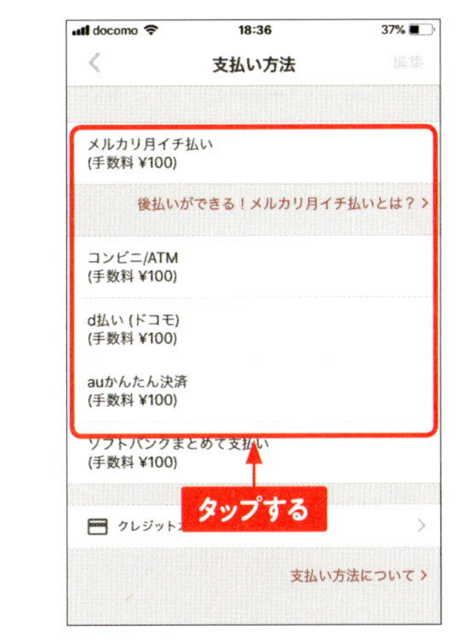

Section 10 メルカリで禁止されていること

メルカリが禁止している行為の中には、メルカリ特有のものがあります。また、禁止されている出品物もあります。違反した場合、利用制限や強制退会になることもあるので、知らないうちに違反することがないように気を付けてください。

 禁止されている行為

メルカリは、「安心・安全」のサービスを提供するために、「メニュー」の「ガイド」→「ルールとマナー」の「禁止されている行為」に、禁止事項を明記しているので確認してください。また、「メニュー」→「ガイド」→「利用規約」も一読しておきましょう。

主な禁止行為

- メルカリで指定している決済方法以外を使うこと
- 架空の取引にメルカリを利用すること
- 商品到着前に受取評価を付けること
- メルカリで購入した商品を著しく高い金額で転売すること
- 禁止されている出品物を取引すること（次のページ参照）
- 受取先を郵便局留めにすること（ゆうゆうメルカリ便は除く）
- 手元にない商品を予約、取り寄せて販売すること
- 出品者とは別の第三者の商品を代理で出品すること
- 宣伝や探し物に使うこと（「〇〇探しています」「〇〇売ってください」などは禁止）
- 商品に問題があったときに返品に応じないことを記載すること（返品不可、ノークレーム（NC）、ノーリターン（NR）、ノーキャンセル（NC）など）
- 外部サイトへ誘導する行為や外部サイトURLの記載
- 誹謗中傷、脅迫行為、荒らし行為、スパム行為、出会い目的の行為
- 低俗、わいせつな投稿

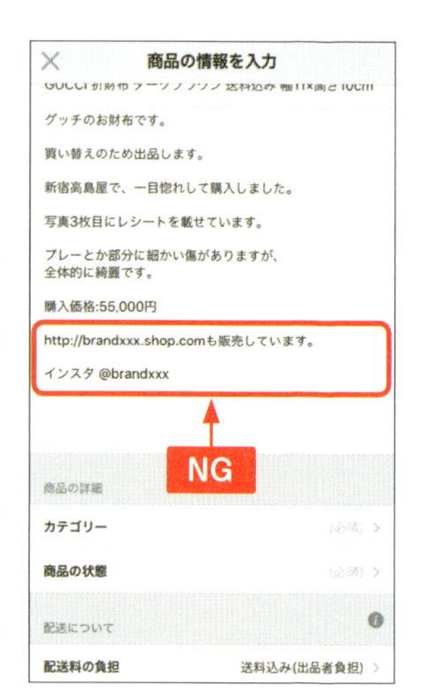

 禁止されている出品物

どんな物でも売り買いできるメルカリですが、法律に反するものや安全でない物などの出品は禁止されています。また、1000万円以上の価格は出品できません。詳しくは、「メニュー」→「ガイド」→「ルールとマナー」の「禁止されている出品物」を参照してください。

●主な出品禁止物

偽ブランドや正規品の確証がない物	偽物を販売・譲渡することは法律で禁止されているので出品不可です
知的財産権を侵害する物	商標権や著作権を侵害するものは禁止です。特に、ハンドメイド商品の場合、企業のキャラクターやブランドのロゴの無断使用は法律違反なので気を付けてください
盗難品や不正な経路で入手した物	化粧品のテスターなどお店にある物を持ち出して出品したり、落とし物を出品したりすることは法律違反でもあるので禁止です
18禁・アダルト関連	成人向けのDVDや雑誌、アダルト商品は禁止です。また、児童ポルノは法律違反にもなります
使用済みの下着、スクール水着、学生服	青少年保護・育成および衛生上の観点から禁止です。ブライダルインナー以外はクリーニング済みでも出品不可です
生肉、魚介類	安全面・衛生面から禁止されています。保健所の許可がない自作の干し柿や梅干しなどの加工食品も出品不可です
コンタクトレンズ、漢方薬	薬機法などの法令で許認可がないと販売できないものは禁止です。法令に抵触するサプリメントも出品不可です
手作りコスメや石鹸、香水の小分け、電気マッサージ器	薬機法における許認可が必要なので禁止です
現金・金券類・カード類	チャージ済みプリペイドカード（Suicaなど）、オンラインギフト券（iTunesカードなど）や商品券、航空券、宝くじ、馬券など金銭と同等の物は禁止です
たばこ・ニコチンが含まれる電子たばこ	メルカリでは禁止されています
農薬	農薬取締法により禁止です
中身がわからない福袋	内包される商品の名称や写真がない場合は禁止です
生き物	犬や猫などの動物の出品は禁止です。飼えなくなったから出品ということはできません
手元にない物	これから取り寄せる物や発売前のチケットなどは禁止です
宣伝・探し物	「○○を探しています」という出品をして、掲示板のように使うことは禁止です

Column メルカリの「独自ルール」って何?

2013年にサービスが開始したメルカリですが、当初はメルカリの公式ルールがゆるく、利用者が独自で作ったルールが頻繁に見られました。最近ではだいぶ減りましたが、今でも出品者によっては独自ルールを使っているケースがあるので、だいたいの意味を知っておきましょう。

●○○様専用

特定のユーザーと値下げやまとめ買いの交渉をしているときに、商品名に「○○様専用」と記載します。本来は先に購入手続きをした人が買うことになっているので、専用商品を他の人が買っても規約違反にはなりませんが、トラブルを避けるためにも専用商品は購入しないようにしましょう。

●即購入禁止/コメなし購入禁止

「購入するときはコメント欄に買いますと書いてください」という意味です。コメントせずに買っても規約違反ではないのですが、数が限られるなど何らかの事情があるのかもしれません。コメントしてから購入するか、別の人の商品を探した方がよいでしょう。

●プロフ必読

メルカリには、プロフィールを必ず読まなければいけないという規約はありませんが、「発送は水曜と金曜のみです」「値下げはしません」など大事なことが書かれていることがあるので読んでおきましょう。

●コメ逃げ禁止/質問逃げ禁止

質問に対して回答したのに、返信がないのは困るという意味です。これも独自ルールですが、値下げやまとめ買いについての質問は、返信がないと困る場合もあるので、質問したら返信する習慣をつけましょう。

●3N

ノークレーム(NC)、ノーキャンセル(NC)、ノーリターン(NR)の3Nの記載は禁止されています。送った商品に問題があった場合は、返品やキャンセルに応じなければなりません。3Nが書かれた商品には手を出さない方が無難です。

●いいね!禁止

購入の意思がないのに「いいね!」を付けないでくださいという意味です。いいね!が付く度に通知が届くためこのように書いている人がいますが、独自ルールなので、気になった商品に印を付ける感覚で「いいね!」を使ってかまいません。

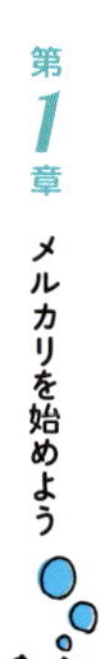

ほしいものを探して購入しよう

キーワードで商品を検索しよう

お目当ての物があったら、キーワード検索でかんたんに見つけられます。また、ハッシュタグを使って探す方法もあります。検索機能を駆使して、メルカリに出品されている大量の商品の中から欲しいものを見つけてください。

キーワードで検索する

1 ホーム画面を表示し、🔍をタップします。

2 検索ボックスに単語を入力し、キーボードの<検索>（Androidでは🔍）をタップします。複数のキーワードで検索する場合はスペースで区切って入力します。

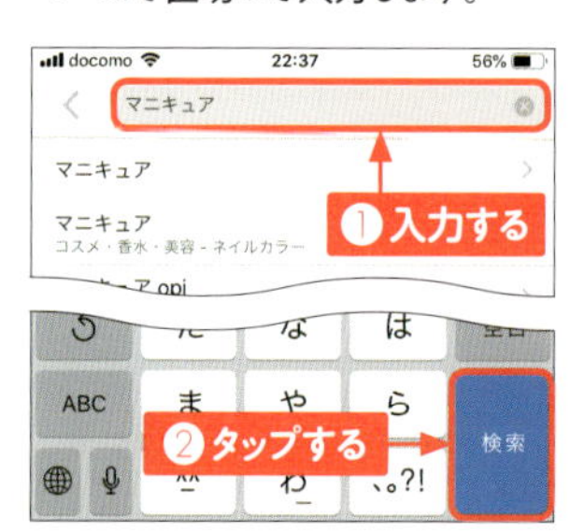

3 入力した単語が含まれる商品が表示されます。

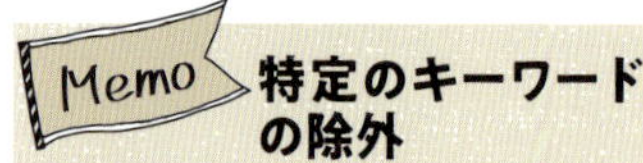

特定のキーワードの除外

特定のキーワードを除外して検索したい場合は、手順3の画面で、<絞り込み>をタップして、「除外キーワード」に除外したいキーワードを入力し、<完了>をタップします。

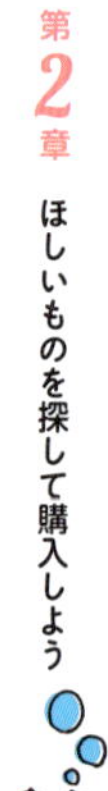

ハッシュタグで検索する

1 検索ボックスに半角の「#」を入力し、続けてキーワードを入力します。

2 ハッシュタグが付いている商品一覧が表示されるので、商品をタップします。

3 商品の説明欄に青色のハッシュタグがあります。別のハッシュタグをタップします。

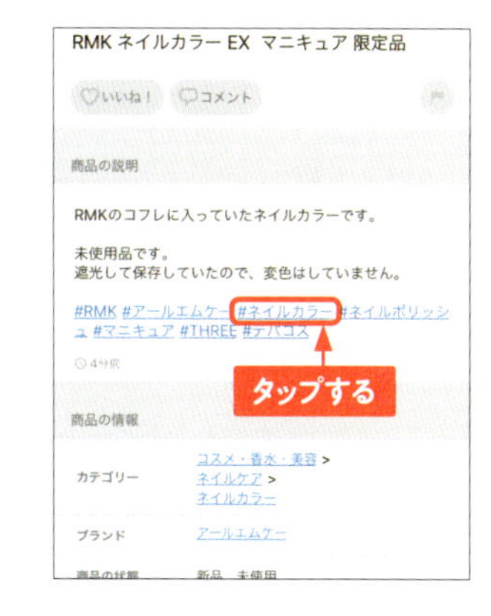

4 そのハッシュタグが表示されている商品一覧が表示されます。

Memo ハッシュタグで検索する

ハッシュタグは、キーワードの前に「#」（半角）を付けて使うラベルのようなものです。商品説明欄にハッシュタグがあれば、そのハッシュタグが付いた商品を一覧表示できます。ハッシュタグの設定については、Sec.59で説明します。

Section 12 販売中の商品を検索しよう

何も設定せずに検索すると、すでに売れてしまった商品も一緒に表示されます。その中から買うことができる商品を探すのは面倒です。そこで、販売中の商品だけを検索することをおすすめします。

販売中のみ表示する

1. Sec.11の手順①を参考にして「検索」画面を表示し、<販売中のみ表示>にチェックを付けます。

2. 売り切れの商品が除外され、販売されている商品のみが表示されます。

Memo 売り切れ商品の検索

販売価格の参考のために、売り切れの商品だけを表示するには、手順①の画面で、<絞り込み>をタップし、<販売状況>をタップし、<売り切れ>のみにチェックを付けて<決定>をタップします。ただし、出品者がすでに削除した商品は検索結果に表示されません。

新着商品をチェックしよう

メルカリの商品は早い者勝ちです。メルカリに慣れている人は、商品の見定めができるので人気商品は数分で売れてしまうことがあります。新着商品をチェックしていれば、他の人より先に買えるかもしれません。

最新の出品物を表示する

1 ホーム画面には、「おすすめ」タブの商品が表示されています。

2 上部のバーをスライドして「新着」タブにすると最新の商品が表示されます。カテゴリーを絞る場合は「レディース」や「ベビー・キッズ」タブなどにします。

3 <新しい商品>と表示されている場合は、タップするか、商品一覧の部分を下方向へスワイプします。

4 出品されたばかりの商品が表示されます。

商品の種類やブランド名で検索しよう

「ジャケット」「スカート」「サンダル」のように、具体的に欲しいものがあるときには、カテゴリーを絞って検索します。また、特定のブランドが好きな人は、キーワードで探すよりもブランド名から探した方が確実です。

カテゴリーで検索する

① ホーム画面で🔍をタップして「検索」画面を表示し、<カテゴリーからさがす>をタップします。

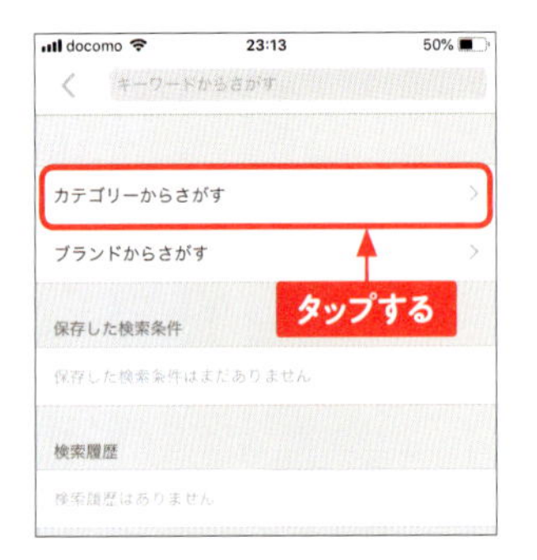

② 欲しいと思う商品のジャンルをタップします。ここでは、<レディース>をタップします。

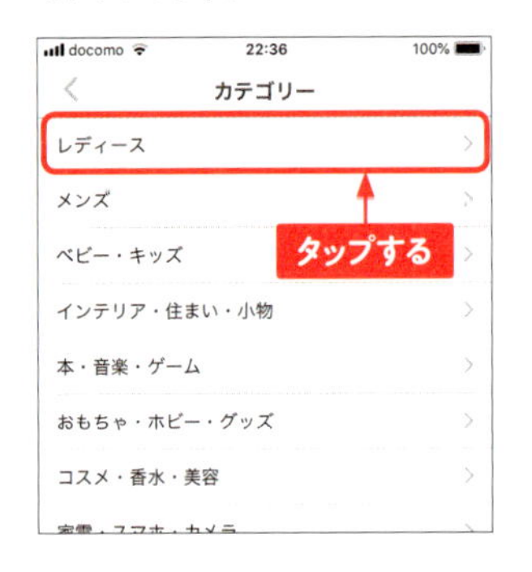

③ <すべて>をタップします。さらに絞る場合はジャンルをタップします。

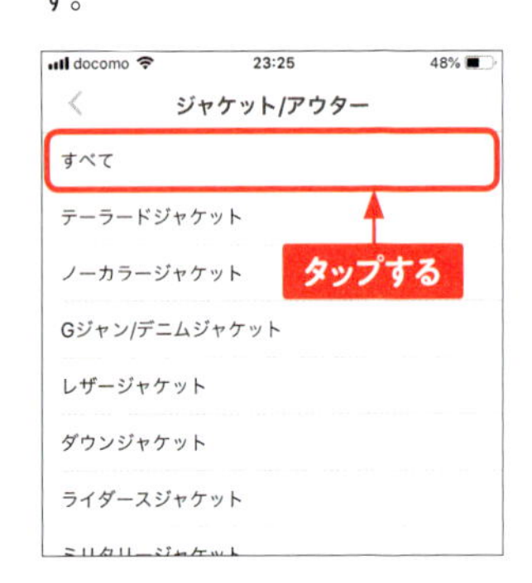

④ 商品が表示されます。

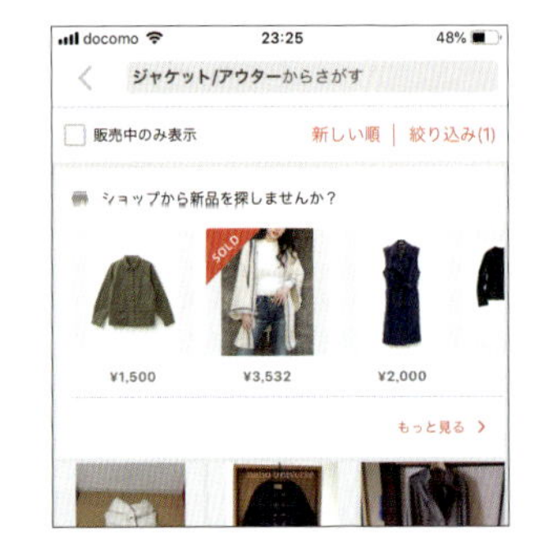

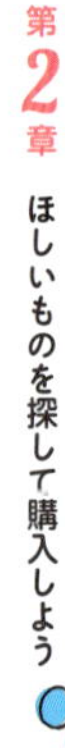

ブランド名で検索する

1 ホーム画面で🔍をタップして「検索」画面を表示し、<ブランドからさがす>をタップします。

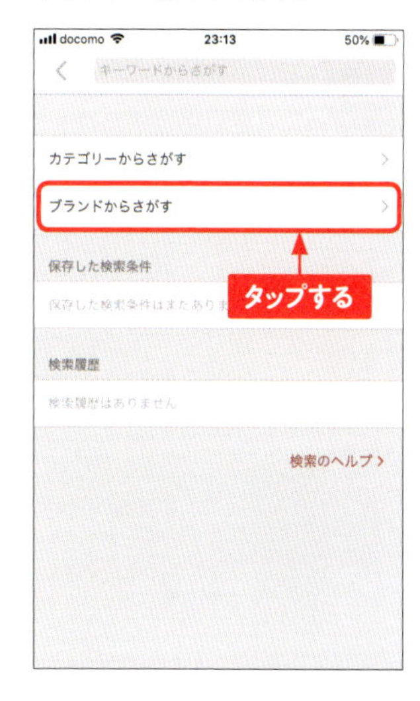

2 「検索」ボックスにブランド名を入力するか、一覧から選択します。iPhoneの場合は右端のカタカナの頭文字をドラッグすると、素早く見つけることができます。

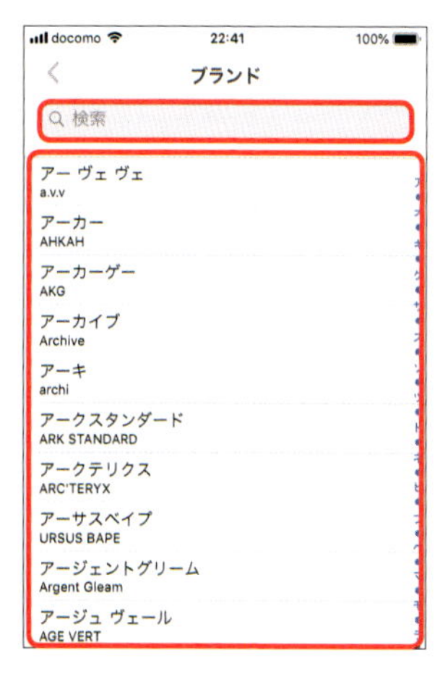

3 表示されたらタップします（Androidはチェックを付けて<決定>をタップ）。

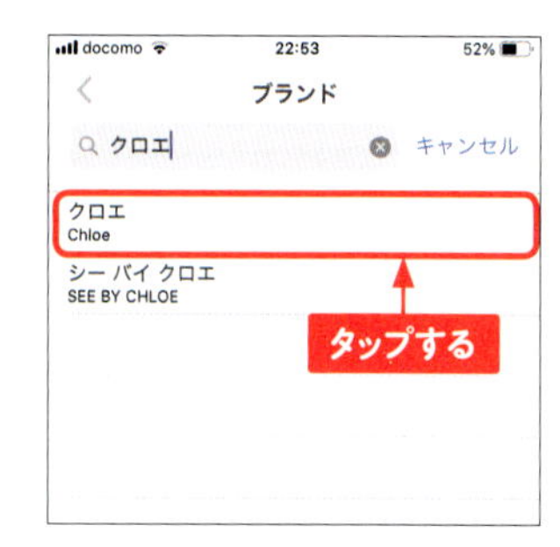

4 そのブランドの商品が表示されます。<絞り込み>をタップします。

5 カテゴリーを選択して絞り込めます。

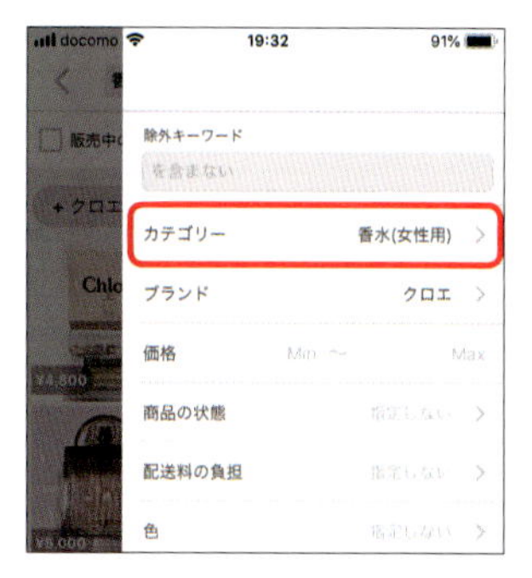

Section 15 サイズや色で検索結果を絞り込もう

「Mサイズのジャケット」「24cmのスニーカー」のように、自分のサイズに合うものが欲しい場合はサイズを絞り込んで検索します。また、欲しい色が決まっているのなら、色を指定して検索できます。

サイズで検索する

1 Sec.14の方法でジャケットで検索した後、<絞り込み>をタップします。

2 <サイズ>をタップします。

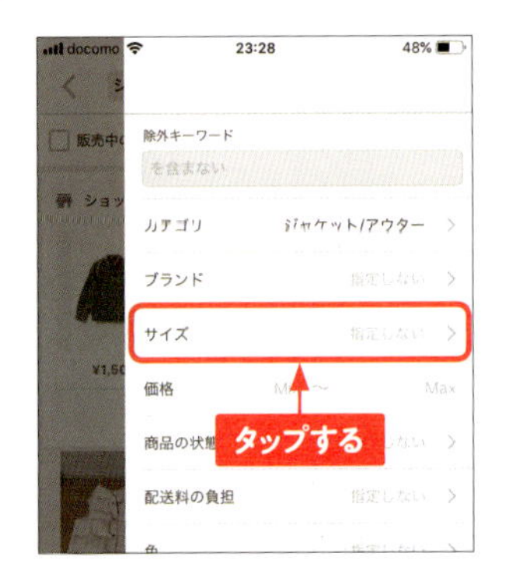

3 サイズをタップしてチェックを付け、<決定>をタップします。

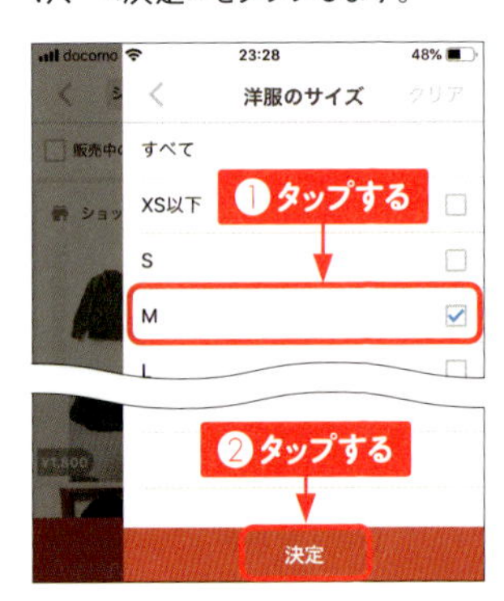

4 サイズが設定されたら、<完了>をタップします。

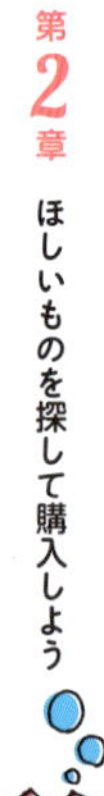

色で検索する

1 前ページ手順②の画面で、<色>をタップします。

2 欲しいと思う色をタップしてチェックを付けます。複数選択することも可能です。<決定>をタップします。

3 色が設定されたら<完了>をタップすると指定した色の商品一覧が表示されます。

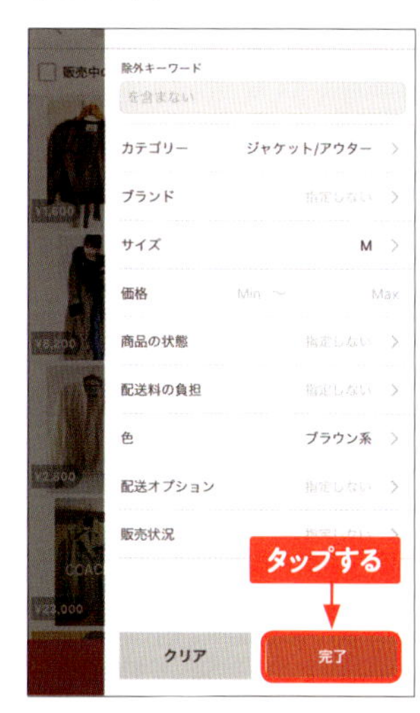

Memo 予算内の商品を検索する

予算がはっきりしている場合は、絞り込み画面の「価格」欄で、最低額と最高額を入力することで、予算を設定することができます。

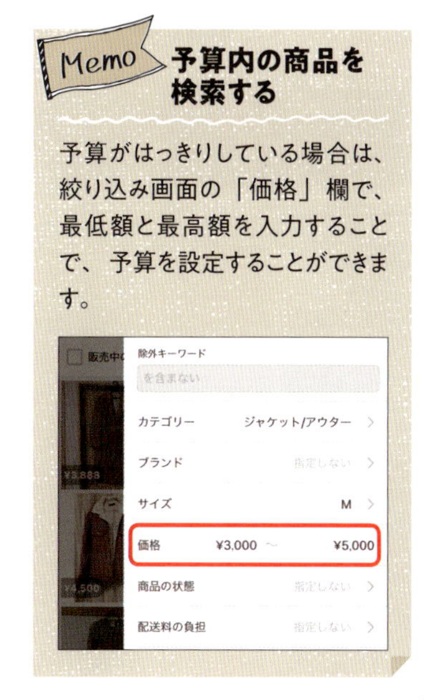

未使用の商品を検索しよう

サイズを間違えて買った物や使わない引き出物などが新品として出品されています。中古品と違って使用感がありませんし、お店で買うよりずっと安いので狙い目です。新品・未使用品で絞り込んで探してみましょう。

新品、未使用品を検索する

1 Sec.11のように検索した後、<絞り込み>をタップします。

2 <商品の状態>をタップします。

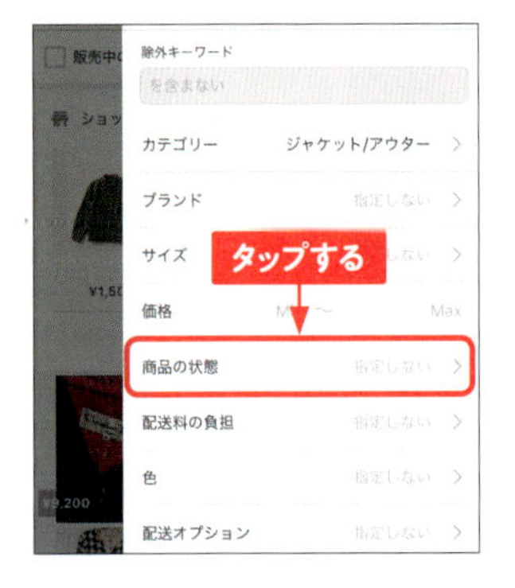

3 <新品、未使用>をタップしてチェックを付け、<決定>をタップします。

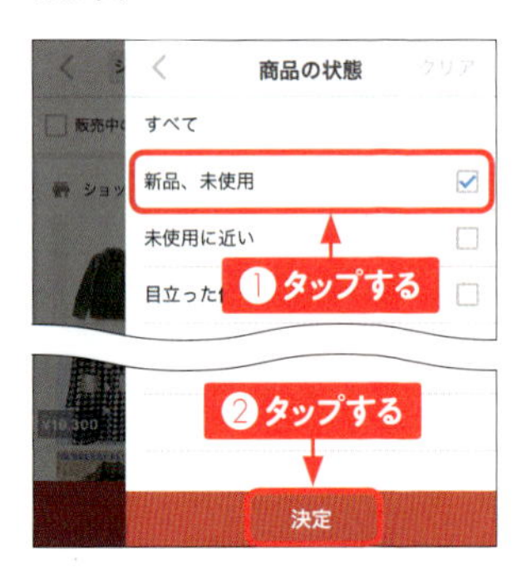

4 <新品、未使用>が設定されたら、<完了>をタップすると新品または未使用の商品一覧が表示されます。

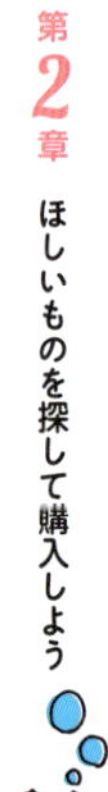

送料込みの商品を検索しよう

メルカリで売られている商品は、送料無料の商品もあれば、購入者が送料を支払う着払いの商品もあります。検索すると一緒に表示されるので、送料込みだけを表示させれば、間違えて着払いの商品を買ってしまうことがなくなります。

送料込み（出品者負担）を検索する

1 Sec.11のように検索した後、<絞り込み>をタップします。

2 <配送料の負担>をタップします。

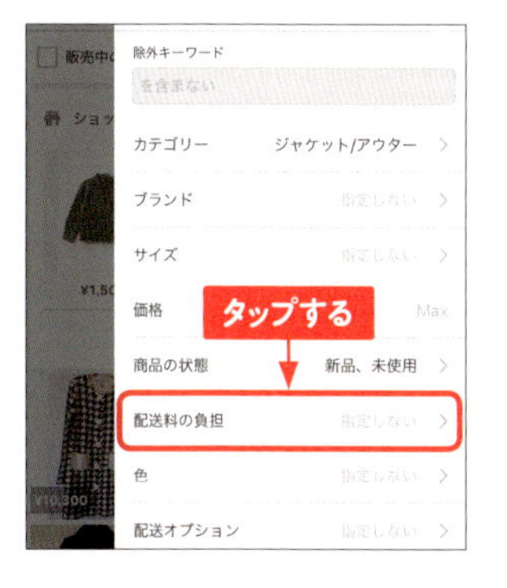

3 <送料込み（出品者負担）>をタップしてチェックを付け、<決定>をタップします。

4 <送料込み（出品者負担）>が設定されたら、<完了>をタップすると送料無料の商品一覧が表示されます。

検索履歴や保存した条件から検索しよう

欲しい物を探している時、毎回同じ条件を設定して検索していては面倒です。そのような時は、過去に検索した条件を使いましょう。また、検索条件を保存して再利用することで、手間を省くことができます。

検索履歴から検索する

① ホーム画面で🔍をタップします。

② 「検索履歴」から表示したい項目をタップします。

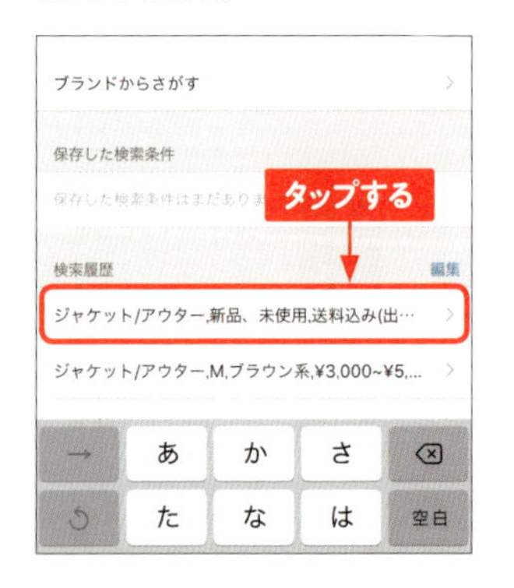

③ 検索結果が表示されます。

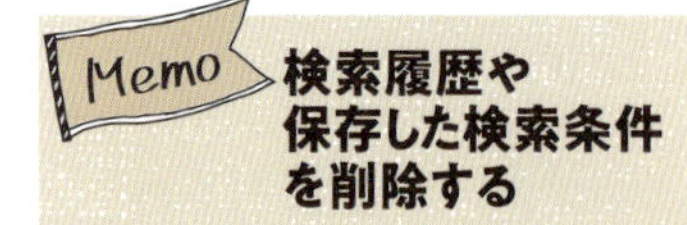

Memo 検索履歴や保存した検索条件を削除する

手順②の画面で、「検索履歴」または「保存した検索条件」の項目を右から左へ一気にスワイプすると削除できます。Androidの場合は⋮をタップして「削除」をタップします。

保存した条件で検索する

1 Sec.11の方法で検索結果を表示したら、下部にある<この検索条件を保存する>をタップします。

2 通知の頻度を選択して<完了>をタップします。通知を受け取らない場合は<新着商品の通知を受け取る>をタップしてオフにします。

3 検索条件を保存しました。「<」(Androidでは「←」)をタップして、ホーム画面に戻ります。

4 ホーム画面で🔍をタップし、「検索」画面を表示します。「保存した検索条件」から先ほど保存した条件をタップすると検索結果が表示されます。

保存した検索条件を素早く表示する方法

ホーム画面の上部にあるバーをドラッグして<保存した検索条件>タブから表示させることもできます。

Section 19 商品の情報をチェックしよう

買った商品の傷がひどかったり、付属品が付いていなかったりなど、届いてから後悔しないために、商品情報をよく見てから買うことが大事です。タイトルや1枚の写真だけで判断するのではなく、説明文を必ず読みましょう。

商品情報を表示する

1 欲しいと思う商品をタップします。

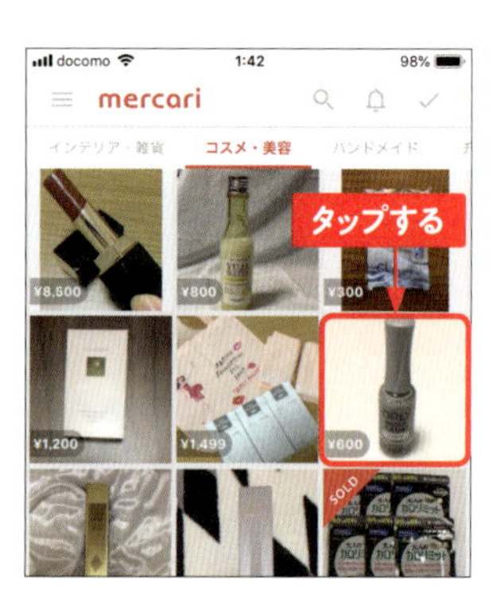

2 写真をタップします。

Memo 複数の写真がある場合

商品に載せられる写真は最大10枚です。出品者が複数の写真を載せている場合は、手順②の画面で左方向にスワイプして他の写真に切り替えることができます。

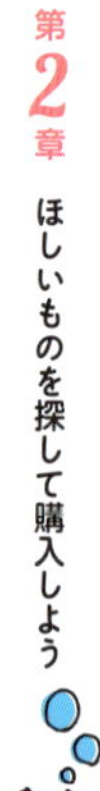

3 ピンチアウトします。

4 拡大されます。確認したら左上の<×>（Androidでは「←」）をタップします。

5 下から上へスワイプします。

6 商品の説明を確認できます。「商品の状態」や「配送料の負担」などを確認できます。

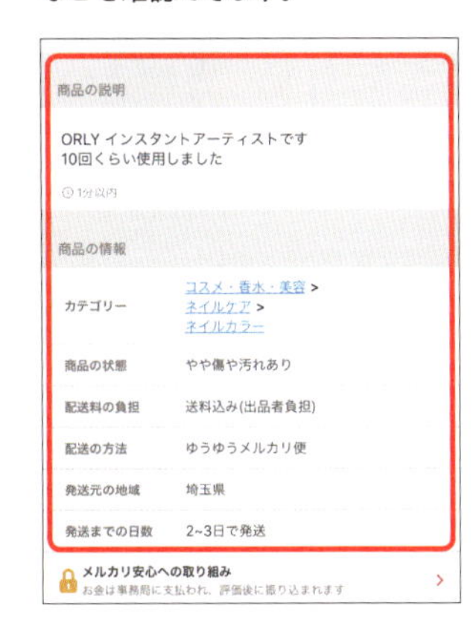

Memo iPhoneの3D Touchで商品を探す

iPhone 6s以降では、商品一覧の商品写真を強く押し込むとタイトル付きで拡大できます。さらに深く押し込むと商品詳細画面が表示されます。3D Touchがオフの場合は、iPhone設定画面の「一般」→「アクシビリティ」→「3D Touch」をオンにします。

出品者の情報をチェックしよう

商品を買う時には、出品者のプロフィール欄をチェックしましょう。発送日やセット割引など大事なことが書いてあるかもしれません。また、評価欄を見れば誠意ある対応をしてくれるかどうかがわかります。

出品者のプロフィールを見る

1 商品をタップして表示し、下から上へスワイプします。

2 出品者名をタップします。

3 出品者のプロフィール画面が表示され、その他の出品を確認できます。<もっと読む>をタップします。

4 注意事項などの説明を読むことができます。

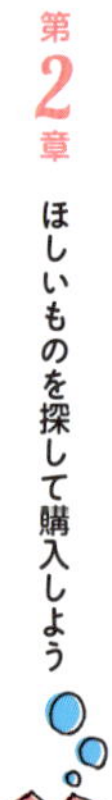

出品者の評価を見る

1 評価をタップします。

2 すべての評価が表示されます。<悪い>をタップします。

3 「悪い」の評価が表示されます。

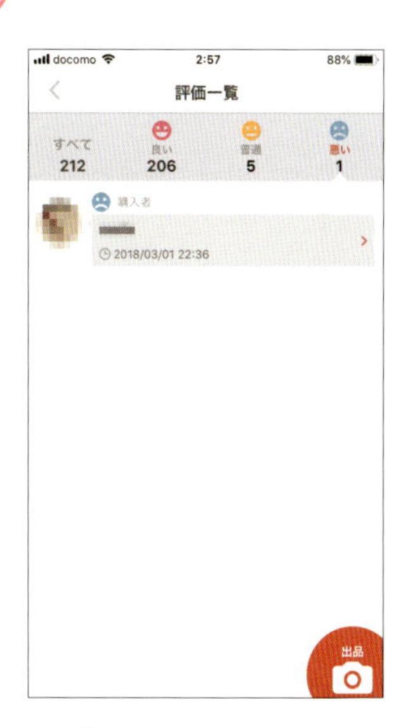

Memo 取引の評価

メルカリでは、売り買いの取引が終わったときに、お互いの評価を付けることになっています。良い評価の数と買った人達のコメントを見れば、誠意ある対応をしてくれるかどうかがわかります。なお、評価の付け方についてはSec.27で説明します。

お気に入りの出品者をフォローして登録しよう

もう一度同じ人から買いたいと思ったときには、出品者をフォローしておきましょう。そうすれば、新しい出品があったときにお知らせがきます。取り引きしたことがない出品者もフォローできます。なお、登録したことは相手に伝わります。

出品者をフォローする

1 商品を表示し、出品者をタップします。

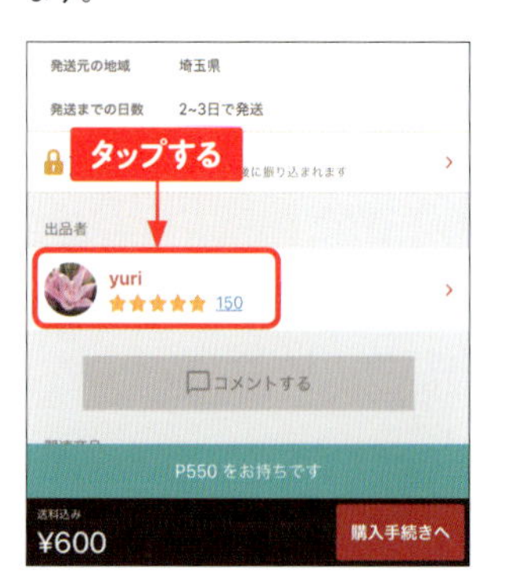

2 プロフィール画面が表示されたら、<+フォロー>をタップします。

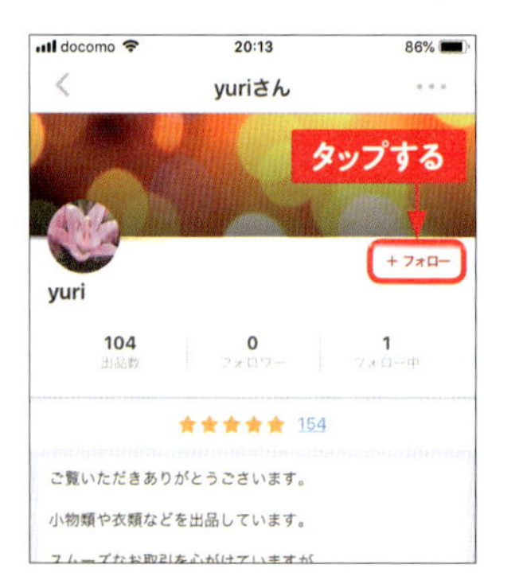

3 フォローすると、「フォロー」ボタンが赤くなります。再度<フォロー中>ボタンをタップすると解除できます。「<」(Androidでは「←」)をタップすると、ホーム画面に戻ります。

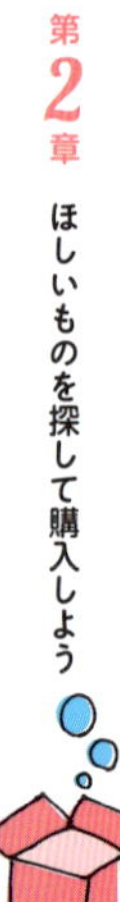

フォローしている人を確認する

1 ≡ をタップします。

2 自分のプロフィール画像をタップします。

3 <フォロー中>をタップします。

4 フォローしている人が表示されます。タップするとその人のプロフィール画面が表示されます。

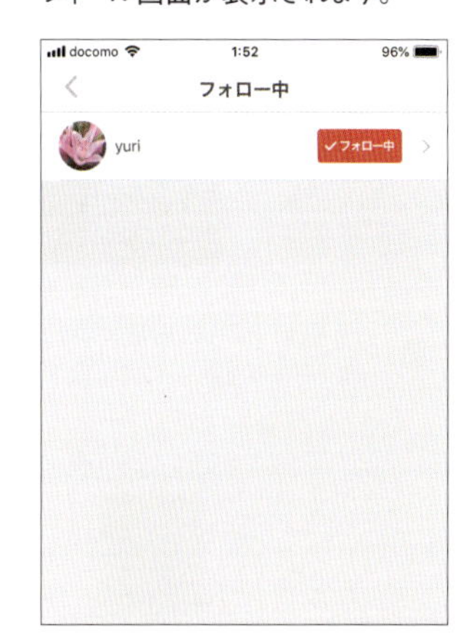

Memo フォロワーを確認する

反対に、自分が誰にフォローされているかを確認するには、<フォロワー>をタップします。

Section 22 商品に「いいね!」を付けて登録しよう

買いたい商品があったら、取りあえず「いいね!」を押して登録しておきましょう。一度登録しておけば、「いいね!一覧」から開くことができます。もっと良い商品があるかもしれないので、じっくり選んで買い物するとよいでしょう。

「いいね!」を付ける

1 気になった商品をタップします。

2 商品名の下にある<いいね!>をタップします。

3 「いいね!」が赤いハートになります。 再度<いいね!>ボタンをタップすると解除できます。

4 左上の「<」(Androidでは「←」)をタップして、ホーム画面に戻り、≡をタップします。

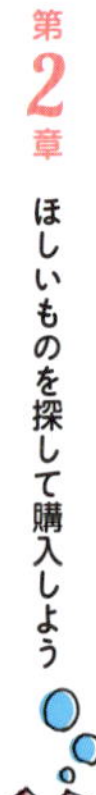

5 <いいね!・閲覧履歴>をタップします。

6 いいね!一覧が表示されます。

「いいね!」一覧から「いいね!」を解除する

1 いいね!一覧で、解除したい商品を左方向へ一気にスワイプします(Androidでは長押しして<この商品のいいね!を取り消す>をタップします)。

2 「いいね!」が解除されます。

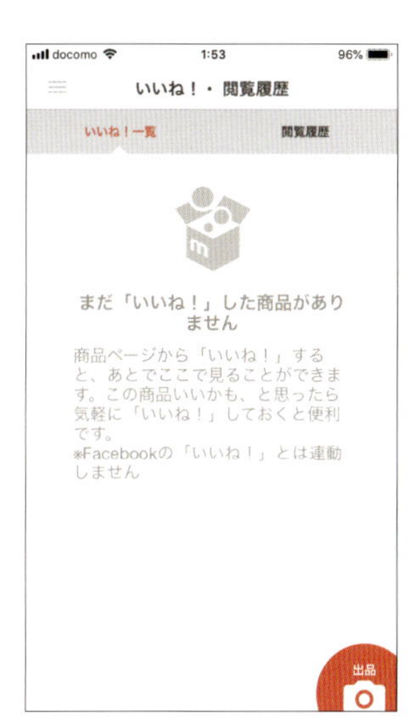

気になることを出品者に質問しよう

売っている商品に気になることがあったら、遠慮せずにコメント欄から質問してみましょう。ほとんどの出品者が答えてくれます。値下げのお願いも禁止されていないので、聞いてみるとよいでしょう。

出品者にコメントする

1 気になった商品をタップし、下部にある<コメントする>をタップします。

2 下部にあるボックスをタップします。

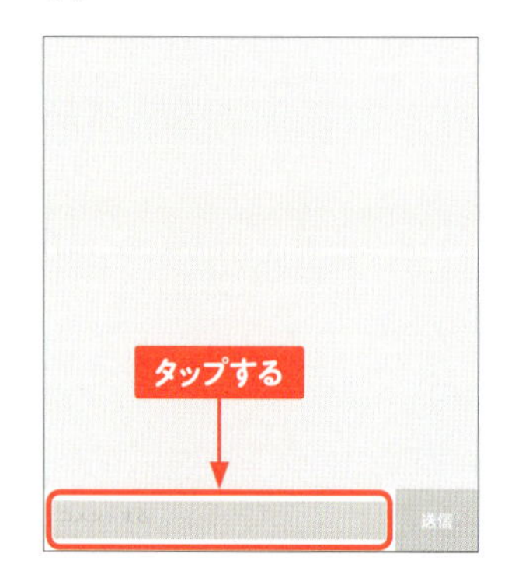

3 コメントを入力し、<送信>(Androidでは▶)をタップします。

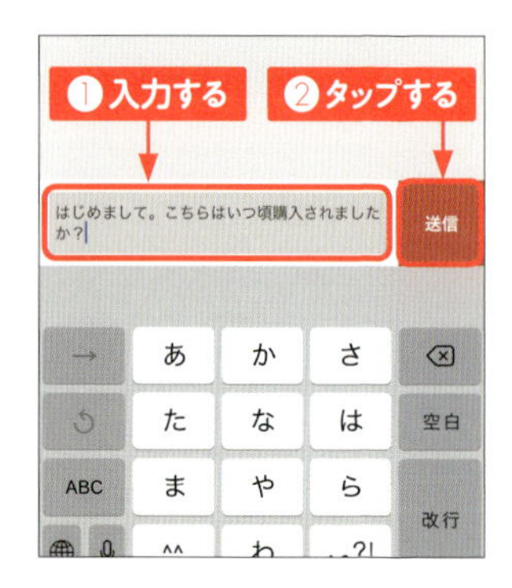

Memo コメントの使い方

「はじめまして」から始めると丁寧な印象になります。値下げのお願いもコメント欄からでき、1割程度なら下げてくる人もいます。なお、プロフィールや商品説明欄に書いてあることを質問されるのを嫌がる人もいるので、よく確認してから質問するようにしましょう。

コメントに返信する

① 返信が付くとホーム画面の右上のベルに数字が付きます。

② 「〇〇さんが「△△」にコメントしました」をタップします。

③ <すべてのコメントを見る>をタップします。

④ コメントを入力し、<送信>(Androidでは▶）をタップします。

Memo コメントの返信

コメントの返信がないことを嫌がる人もいます。質問をして回答が付いたら、「購入させていただきます」「検討させていただきます」などのコメントを返しましょう。

商品を購入しよう

商品が決まったら、購入手続きをします。Sec.09で支払い方法を設定しましたが、購入時に他の支払い方法を選ぶこともできます。ここでは、クレジットカード払いとコンビニ払いで購入する方法を解説します。

クレジットカードで購入する

1 気になった商品をタップします。

2 商品情報を確認します。特に価格の上に「送料込み」と書かれていることを確認します。<購入手続きへ>をタップします。説明画面が表示された場合は<次へ>をタップして進んでください。

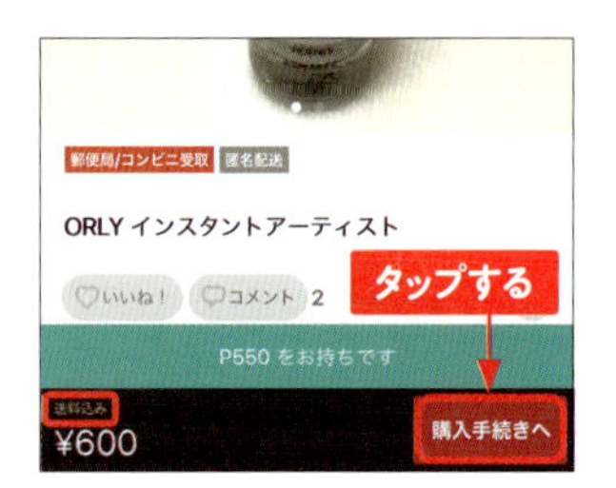

3 <支払い方法>をタップします。

Memo 支払い方法の選択

支払い方法は、「コンビニ払い」「ATM払い」「クレジットカード払い」「コンビニ払い」「d払い（ドコモ)」「auかんたん決済」「ソフトバンクまとめて支払い」があります。クレジットカード以外は支払い手数料がかかります。なお、ポイントと売上金を使う方法はSec.25で解説します。

4 <クレジットカード>をタップします。

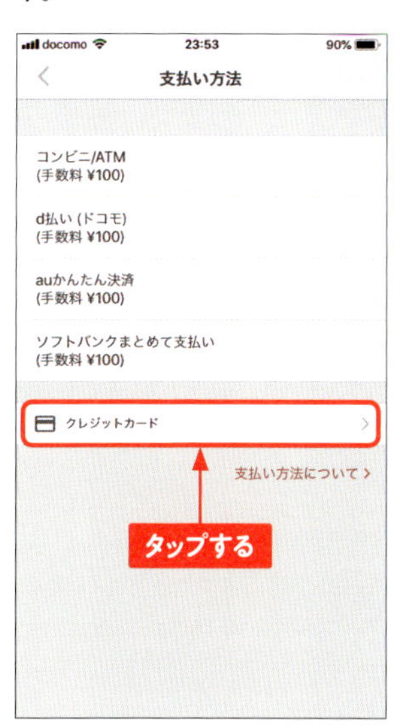

5 カード番号、有効期限、セキュリティコードを入力し、<追加する>をタップします。

6 <購入する>をタップします。

受け取りを別の住所やコンビニにする

誰かにプレゼントするときや実家に送りたいときには、P.52の手順❸で<配送先>をタップして<新しい住所を登録>をタップして追加できます。また、ゆうゆうメルカリ便の商品は、<新しい受取場所を登録>をタップして、受け取る場所を「郵便局」「はこぽす」「ローソン」「ミニストップ」にすることもできます。

ご自宅/勤務先など
田中 花子
〒162-0846
東京都新宿区市谷左内町21-13
新しい住所を登録
郵便局/コンビニ受取
新しい受取場所を登録

コンビニ払いで購入する

1 購入する商品を表示し、<購入手続きへ>をタップします。

2 <支払い方法>をタップします。

3 <コンビニ/ATM>をタップします。

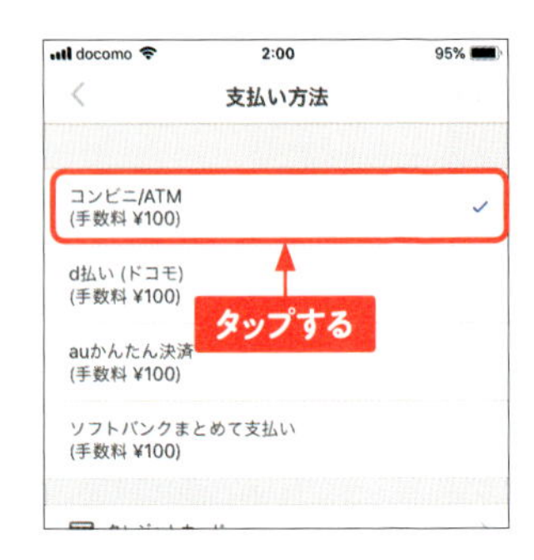

4 <購入する>をタップします。

5 ホーム画面で、右上の<チェック>をタップして「やることリスト」を表示し、購入した商品をタップします。

6 使用するコンビニをタップし、<支払い方法を設定する>をタップします。

7 番号が表示されるので、コンビニにある端末に入力します（下のMemo参照）。<○○での支払い方法はこちら>をタップすると端末の操作方法を確認できます。

取引画面
ポイント利用 P0
売上金利用 ¥0
コンビニ/ATM手数料 ¥100
支払い金額 ¥500
支払い方法 ファミリーマートでの支払い方法はこちら
ファミリーマート
■企業コード：
■注文番号：
※企業コードの5桁を先に入力してください
お客さま番号を再発行する
取引情報

Memo コンビニやATMでの支払い

セブンイレブンを選択した場合は、画面に表示されている払込票番号または「払込票を表示」をタップして表示されるバーコードをレジで提示します。ファミリーマートは「Famiポート」、ローソンとミニストップは「Loppi」の端末で操作し、排出された紙をレジに持っていき支払います。ATM払いの場合も、端末で「税金・料金払込み」ボタンを押して、画面の指示に従って手続きします。

ファミリーマートにあるFamiポート

「代金支払い」を選択

Section 25 ポイントや売上金で購入しよう

キャンペーンが実施されたときやメルカリを紹介したときに、ポイントをもらえることがあります。また、売上金でポイントを購入することもできます。ポイントを使ってお財布のお金を減らさずに買い物ができるのが、メルカリのよいところです。

ポイントを使って購入する

1 買いたい商品の<購入手続きへ>をタップします。

2 <ポイントを使用>をタップします。

3 <一部のポイントを使う>をタップします。所持しているポイントすべて使う場合は<すべてのポイントを使う>をタップします。

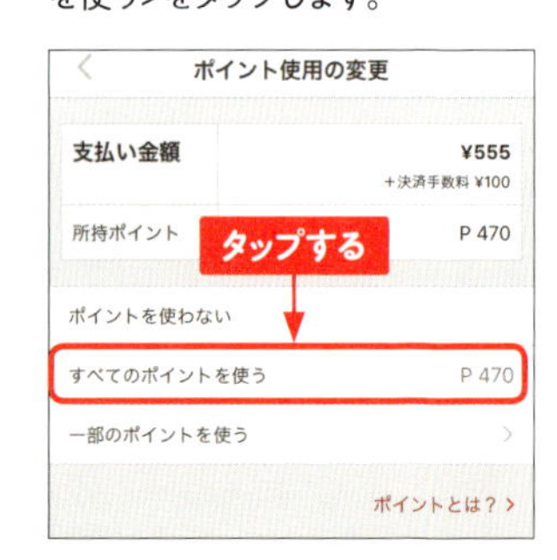

Memo メルカリのポイント

ポイントは、友達招待やキャンペーンでもらうことができ、1ポイント1円としてメルカリの商品を買うことができます。ポイントには有効期限があるので注意してください。今持っているポイントを確認するには、メニューの<設定>をタップし、<ポイント>をタップします。

4 「使用するポイント」（Androidでは<使うポイントを入力>）に1ポイント1円として入力し、<決定する>をタップします。

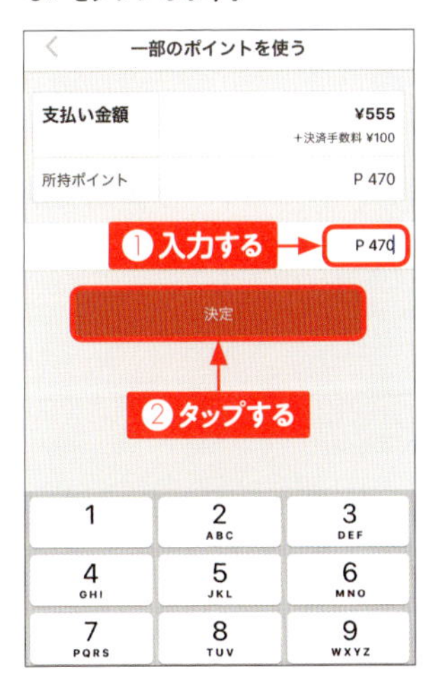

5 <購入する>をタップします。

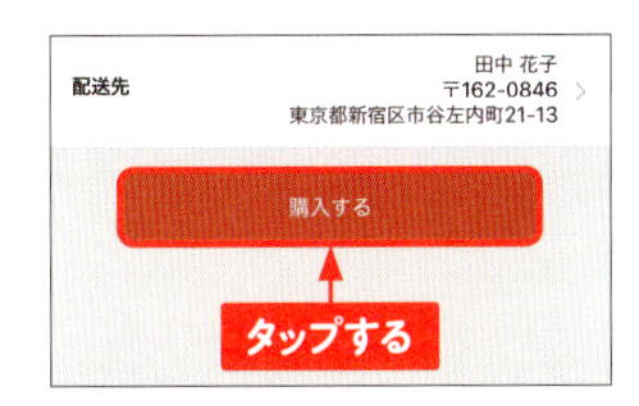

6 <購入する>（Androidでは<はい>）をタップすると購入が完了します。

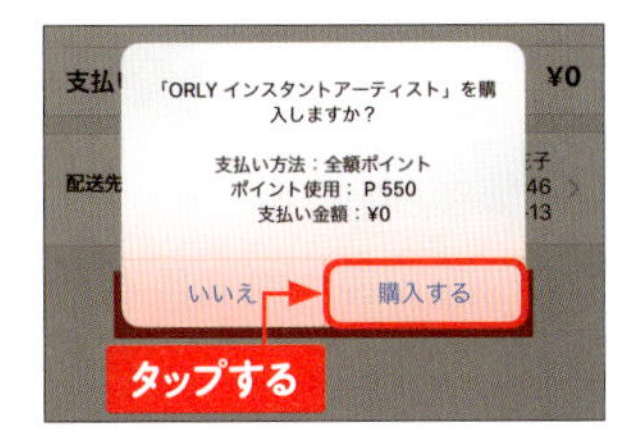

売上金でポイントを購入する

1 売上金がある場合、購入手続き画面に<売上金があります>と表示されるのでタップします。

2 購入するポイント数を入力し、<確認>をタップするとポイントに変換されるので、前のページの方法を参考にしてポイントで支払います。

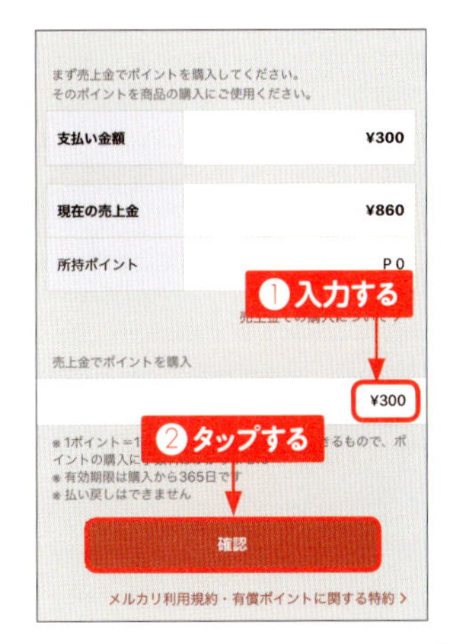

購入後の流れを知ろう

ネットショップの場合、商品を購入した後は商品を受け取るだけですが、メルカリでは、届いた商品をチェックし、必ず取引の評価を付けなければなりません。もし、不備があった場合は評価を付ける前に出品者に連絡してください。

商品を購入したら

❶支払いを済ませる

コンビニ・ATM払いを選択した場合はなるべく早く支払い手続きをします。支払いが遅いとキャンセルされることもあります。メルカリの通知をオフにしている場合は、購入した後に忘れてしまうこともあるので特に気を付けましょう。

❷購入したことを伝える

必須ではありませんが、「取引メッセージ」の欄で、「はじめまして。購入させていただきました」と出品者に送っておくと、好印象の取引ができます。また、出品者から「ご購入ありがとうございます」と来たら、「よろしくお願いします」と返信します。なお、送信したメッセージは削除できないので失礼なことを書かないようにしましょう。

③商品をチェックする

商品が届いたら、評価を付ける前に、「壊れていないか」「説明通りの物であるか」「付属品はついているか」などをチェックします。不備があった場合は、取引メッセージ欄を使って出品者に伝えます。その際、先に評価を付けてしまうとメルカリ事務局で対応してもらえないことがあるので気を付けてください。その後、出品者やメルカリ事務局から返品や交換の手続きについて連絡が来るので指示に従ってください。

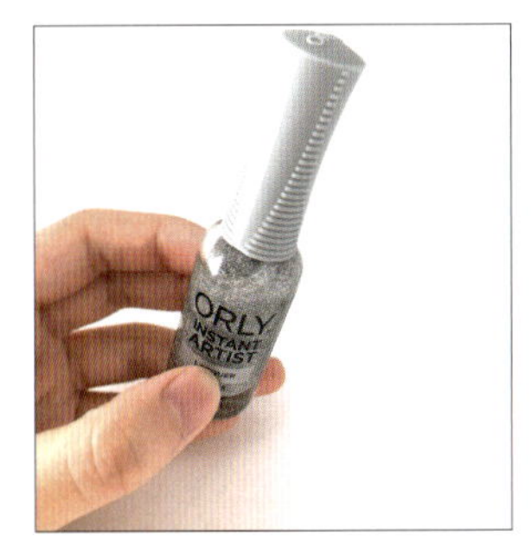

④評価を付ける

商品に不備がなかったら評価を付けます。評価の付け方についてはSec.27で説明します。

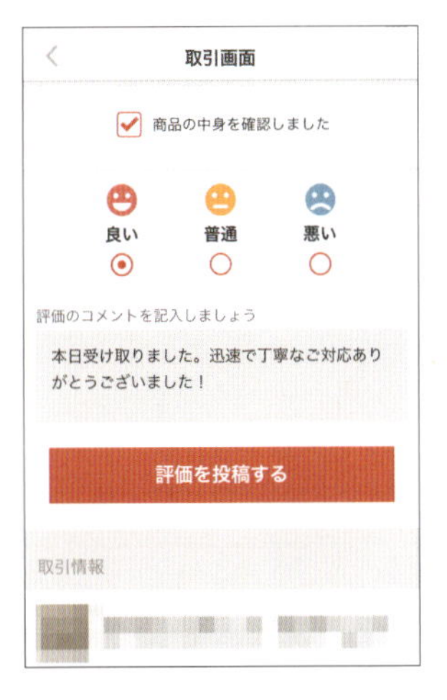

⑤評価を付けてもらう

出品者の評価を付けると、出品者が購入者への評価を付けてくれます。これで取引完了です。出品者には売上金が計上されます。

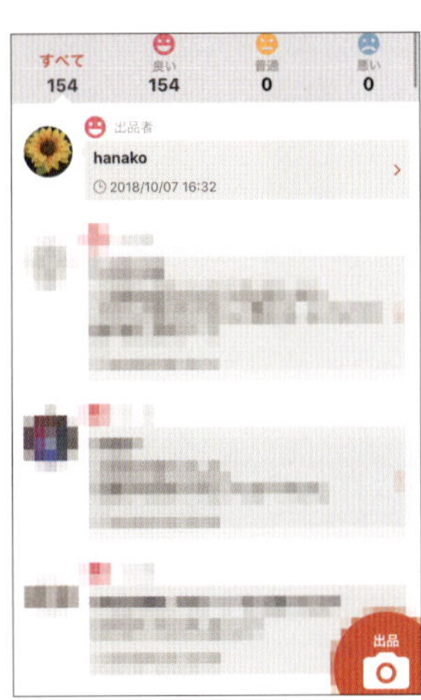

Section 27 取り引きの評価を付けよう

メルカリでは、評価を付けないと出品者にお金が渡らないので、商品を受け取って確認したら必ず付けるようにします。その後に自分にも付けてもらいます。良い評価が増えれば、自分が売り手になったときに買ってもらいやすくなります。

出品者の評価を付ける

1 ホーム画面の右上にある<チェック>をタップし、受け取った商品をタップします。

2 <商品の中身を確認しました>をタップしてチェックを付けます。

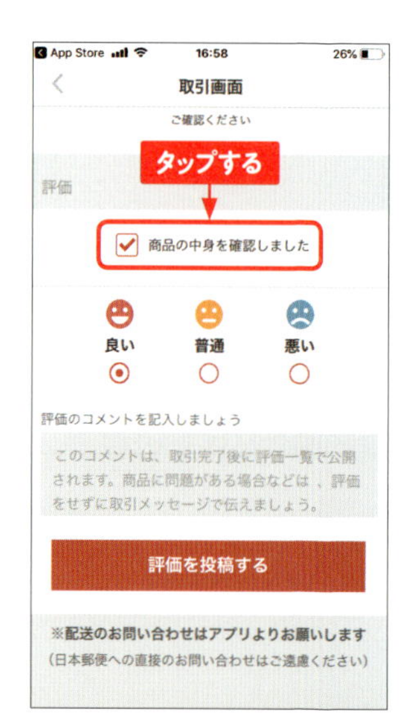

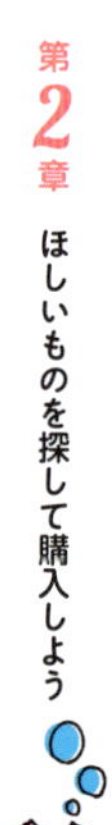

Memo 評価を付けるときの注意

商品が届く前に評価を付けるのは禁止行為です。また、トラブルがあった場合も、評価を付けずに出品者に連絡してください。なお、評価を付ける前にメッセージ欄でお礼を伝えておくと、良いコメントを付けてもらいやすいです。

3 「良い」「普通」「悪い」から選んでタップします。一度付けた評価は変更できないので、慎重に選んでください。

4 コメントを入力し、<評価を投稿する>をタップします。

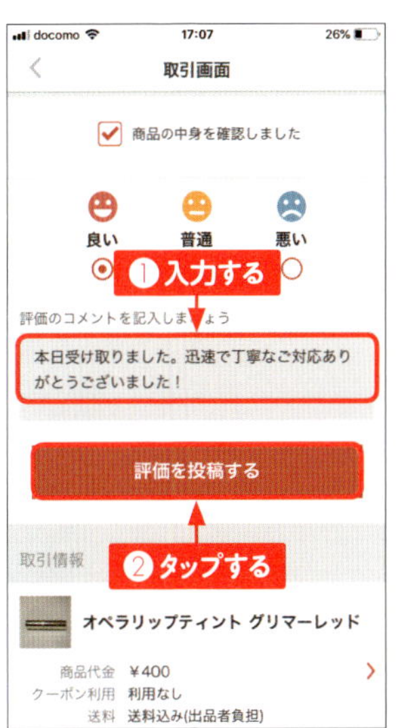

5 評価を付けました。この後、出品者が購入者への評価を付けて取引が終了します。

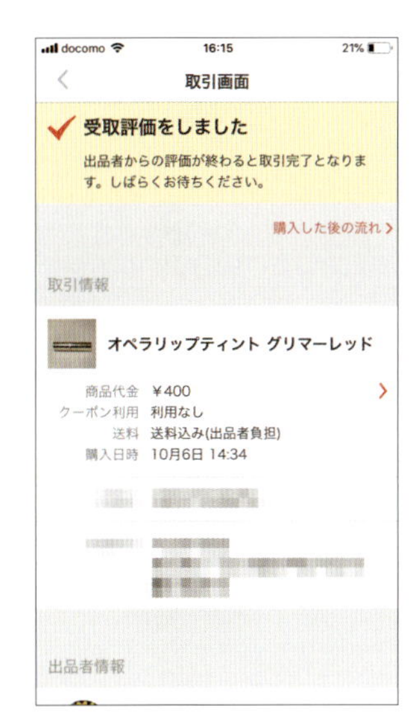

Memo 自分への評価を確認する

ホーム画面左上の≡をタップし、一番上にある<自分のプロフィール画像>をタップして評価の☆をタップすると自分の評価を見ることができます。

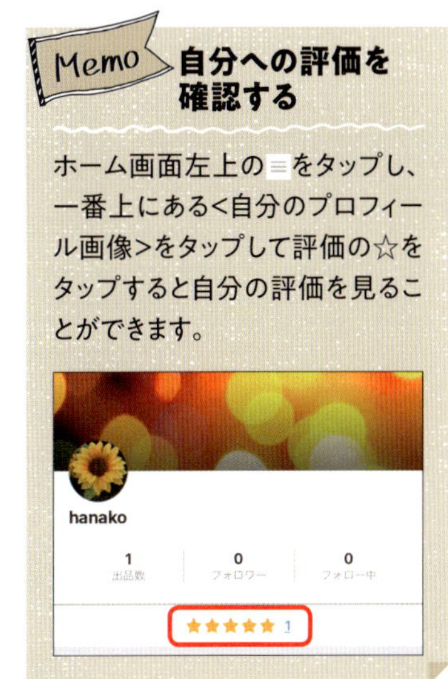

Column

メルカリチャンネルって何?

生放送のフリマ機能

メルカリチャンネルは、生放送で売り買いができる機能です。リアルタイムなので、質問をすればその場で答えてくれることもあります。また、「いいね!」や応援スタンプなどの機能があったり、出品者によっては配信時は特価で売ってくれることもあります。ただし、動画なのでスマホの通信量が大きくなります。容量制限がある場合はWi-Fiに切り替えて視聴するとよいでしょう。
なお、執筆時点（2018年12月）では、視聴は誰でもできますが、配信はメルカリが認めた一部のユーザーのみです。

メルカリチャンネルを見るには、ホーム画面で<ライブ>タブにします。見たいチャンネルがあればタップします。

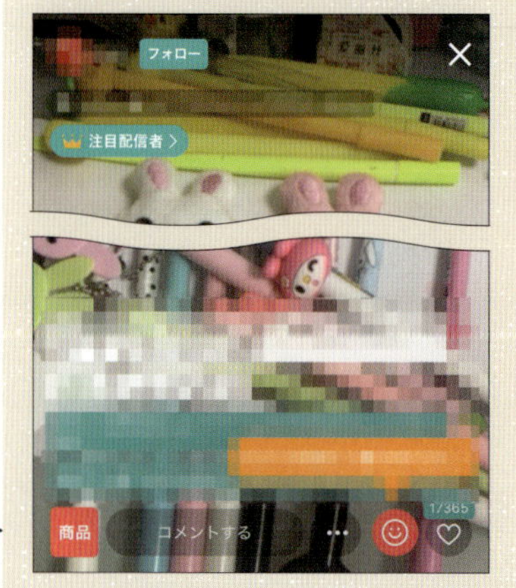

ライブ画面では、動画を見ながら、出品者とコメント欄を使って会話したり、「いいね！」や応援スタンプを贈ったりすることができます。また、左下の「商品」をタップすると販売している商品一覧が表示され、購入することができます。気に入った出品者がいたら、ライブ画面上部にある「フォロー」ボタンをタップしてフォローすると、次回配信が始まったときに通知してくれます。

身近なものを出品してみよう

Section 28 メルカリでよく売れるものを確認しよう

メルカリでよく売れている物を分析すると、コスメ、靴、スマホ関連など毎日使う物が売れやすい傾向にあります。また、年に数回しか使わない物も売れやすいです。ここでは、メルカリでよく売れる物を紹介します。

メルカリでよく売れる物

ブランド品

一流ブランドの高価なバッグやお財布などは、メルカリではよく売れます。箱や袋も一緒に出品するとさらに売れやすいです。

レディース服・子供服

常によく売れるジャンルです。季節やイベントに合わせて、冬はコート、卒業・入学シーズンはスーツなど、特に売れやすい時期があります。

コスメ

若い女性からのニーズが多く、「使いかけでもいいから欲しい」「試したい」という人が多いです。サンプルも出品すれば売れます。

Memo スマホ関連商品

メルカリはスマホアプリなので、スマホケースやスマホリングなどのグッズもよく売れます。スマホ本体を売る場合は、個人情報の漏えいなどに注意しましょう。なお、メルカリではデータの削除や動作確認を行ってくれる「あんしんスマホサポート（有料）」も行っています。

靴

他人が履いた靴でも、メルカリではよく売れます。特にお店で高く売っているブランドの靴は注目度が高く、状態が良ければ必ずと言ってよいほど売れます。

アクセサリー

ネックレスや指輪、ピアスなどがよく売れます。イタリア製やハワイアンジュエリーが人気です。ハンドメイドのアクセサリーも売れます。

書籍・雑誌

女性ファッション誌を中心に人気があり、古本屋よりも高く売れます。発売後すぐに売れば実質送料程度で読めることになります。漫画本はセットで出品するのがおすすめです。

ゲーム機・ゲームソフト

Wii、PlayStation、ニンテンドー3DSなどは、本体もソフトも中古買取り店より高く売れます。昔のファミコンやゲームボーイは希少価値があるので捨てずに売るのがおすすめです。

商品がどれくらいの価格で売れるか調べよう

出品したのに売れないときには、商品価格が妥当でないということです。かといって、安く売って損をしたらもったいないので、相場を調べてから価格を設定することをおすすめします。ここでは相場の調べ方を紹介します。

メルカリ内で値段を調べる

メルカリでは、値段が高い商品はあまり売れません。儲けたいと思って高い金額を設定しても、結局売れなくて値下げすることになります。同じ商品が、メルカリではいくらで売られているか調べてから価格を設定しましょう。その際、現在出品されている商品よりも、過去に売れた商品を参考にした方が正確です。ホーム画面で🔍をタップして、商品名で検索し、<絞り込み>をタップし、「販売状況」を<売り切れ>にします。<新しい順>をタップし、<価格の安い順>をタップすると、過去に売れた商品が安い順で表示されます。未使用品の場合は「商品の状態」を「新品・未使用」にして検索しましょう。

1 「販売状況」を<売り切れ>に設定して、<完了>をタップします。

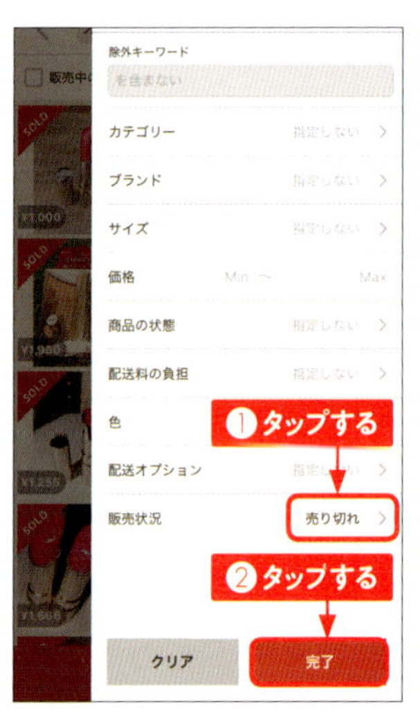

2 <新しい順>をタップし、<価格の安い順>をタップします。

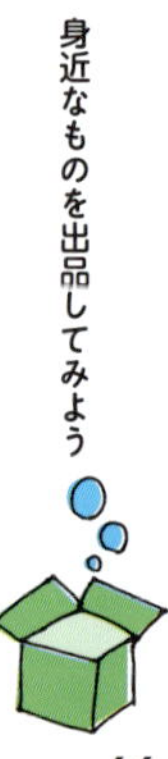

ヤフオク!の落札価格を調べる

フリマアプリとオークションの両方を利用している人もいるので、オークションの価格も調べておきましょう。特にメルカリで同じ商品が売られていない場合は参考になります。ただし、オークションは年齢層が高めなので高くても売れます。なので、メルカリではオークションの落札価格よりも下げた方が売れやすいです。

●ヤフオク!での落札相場の検索

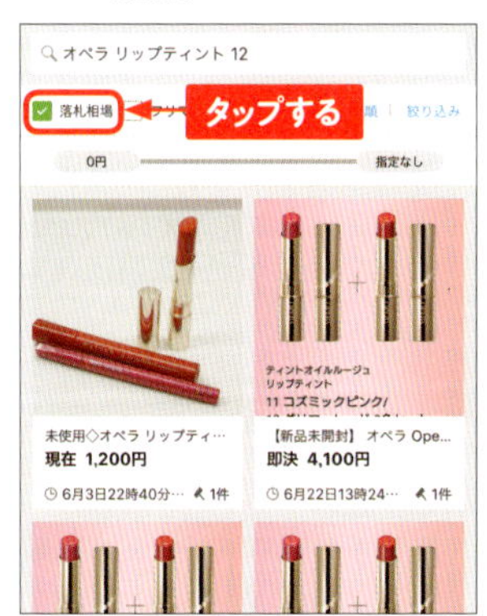

商品を検索したら、「ヤフオク！」アプリで「落札相場」にチェックを付けます。

Amazonや楽天市場の価格を調べる

安く手に入るのがメルカリのメリットなので、ネットショップと同じ値段では買ってもらえません。だからこそ、ネットショップの価格を参考にし、それよりも安く設定するようにします。中古品を売る場合はさらに安く設定します。当然、安ければ安いほど売れますが、損はしたくないので、よく調べて設定するとよいでしょう。

●Amazonでも価格をチェック

Amazonや楽天市場でも同じ商品の価格をチェックして参考にしましょう。

Memo 損をしない価格の決め方

商品が売れたときに、価格の10%をメルカリに販売手数料として渡すので、自分に入るのは商品価格×0.9の金額です。送料込みの場合は送料もかかるので、計算して設定するようにしましょう。

出品の準備をしよう

事前に商品のシミや傷などをチェックしておくと、出品時の設定がスムーズにいきます。また、サイズをはかっておくと、配送方法を決められます。見栄えのよい写真にしたい場合は、事前にカメラアプリで撮影しておくとよいでしょう。

商品のチェック

商品情報には、商品の状態を設定しなければいけないので、出品物に問題がないか、必ずチェックしてください。衣類、小物、家具などは、「シミや傷汚れがないか」「割れていないか」「破れていないか」などをチェックします。落とせそうな汚れなら、洗濯や布拭きして落としましょう。
子供服やおもちゃは、子供の名前が書いてあるのを気にする人もいるのでチェックしてください。
パソコン、プリンター、カメラ、家電などは作動するかを確認します。また、付属品や説明書が残っているかも確認しましょう。
革製品のバッグや財布、靴などは、革用のクリームで磨くとツヤが出て、傷も目立ちにくくなります。古い物でも新品のようになることもあるので、これまで使ったことがない人は試してみてください。

記名がないかチェックします。

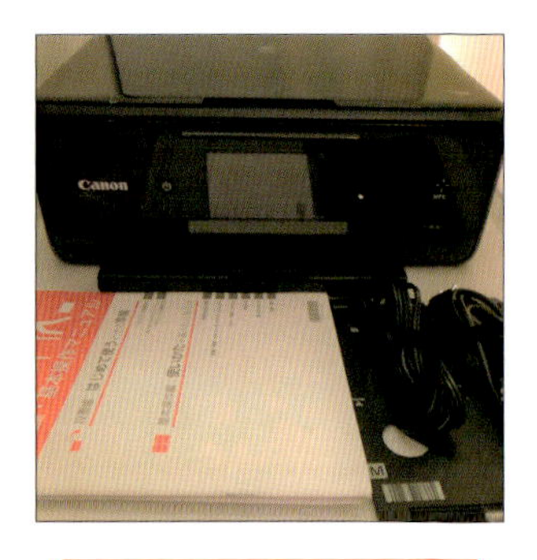

付属品や説明書を揃えます。

サイズをはかって配送方法を決める

出品時に設定する配送方法は「未定」にもできますが、送料がわからないと価格が決めづらいので、重さと大きさをはかって配送方法を決めます。たとえば、23.5cm×12cm、厚さ1cm以内なら、定形郵便を使えるので82円で送れます。また、縦・横・高さの合計が60cmを超えるならゆうゆうメルカリ便（ゆうパケット）を使えないので、ゆうゆうメルカリ便（ゆうパック）となります。なお、サイズがギリギリだと受付時にサイズオーバーとなることがあります。予定より送料が上がると困るので、余裕を持たせてはかるようにしましょう。

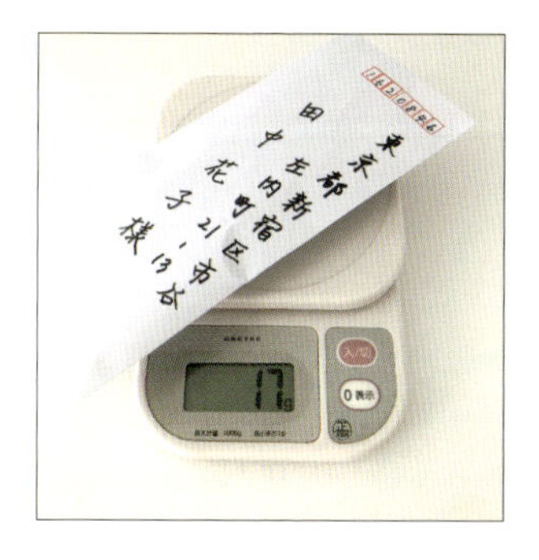

写真を撮る

出品時にメルカリアプリで写真を撮ることもできますが、カメラアプリを使う方が、ズームや明るさの調整ができ、綺麗に撮れます。また、複数の衣類やアクセサリーをセットで売るときは、アプリを使って何枚もの写真を組み合わせて1枚の写真にするとよいでしょう（Sec.53参照）。なお、写真撮影のテクニックについては第4章で解説します。

Section 31 メルカリに出品してみよう

出品は、商品名と商品説明欄以外は選択するだけなので簡単です。注意として、お互いの住所や氏名を知らせずに取引したい場合は出品時にメルカリ便を指定します。購入された後にメルカリ便に変更しても匿名配送にならないので気を付けましょう。

商品を出品する

① <出品>をタップします。説明画面が表示された場合は<次へ>をタップしていき、最後の画面で<出品してみよう!>をタップします。

② <写真を撮る>をタップします。メッセージが出たら<OK>をタップします。すでに写真がある場合は、<写真をアルバムから選択>をタップして写真を選択します。

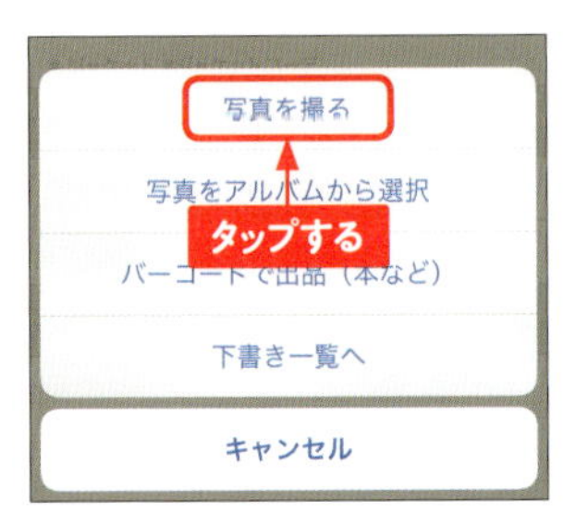

③ <カメラ>ボタンをタップします。

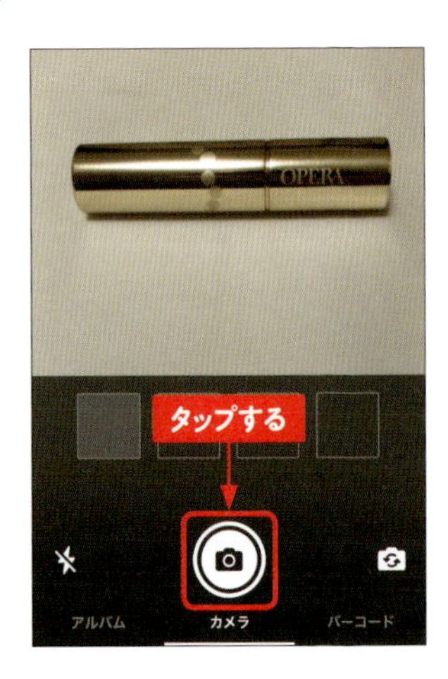

Memo 本やCDを出品する場合

本やCDの出品は、手順②の画面で<バーコードで出品>をタップして、商品のバーコードを読み取ることでかんたんに出品できます。

4 同様に別の角度からも撮影し、右上の<完了>をタップします。

5 写真が追加されたら、商品名を入力します。AIによる画像認識で自動的に表示されることもあります。

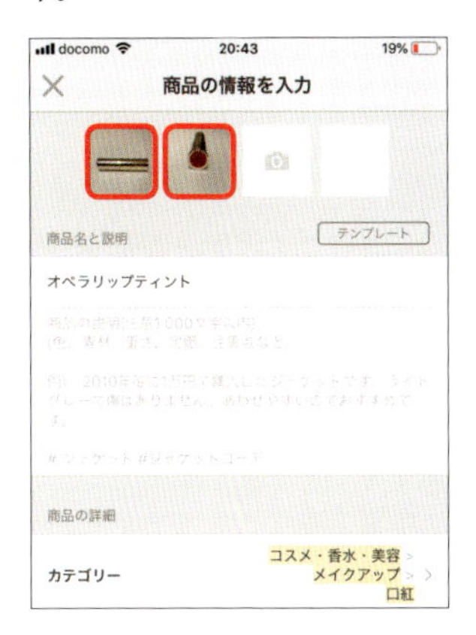

6 説明を入力します。<テンプレート>をタップするとサンプル文を使うことができます（Sec.63参照）。

7 <カテゴリー>が表示されていない場合はタップして設定します。ブランドも一覧にあれば設定します。

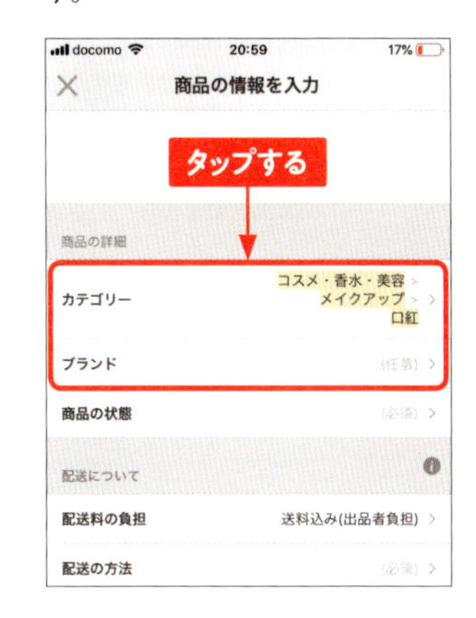

Memo **商品説明**

シミや傷の大きさや汚れの程度をチェックして説明欄に記載した方が親切です。子供服に記名があることを記載しなかったことで評価を下げる人もいるので気を付けましょう。説明文の書き方については第5章で詳しく紹介します。

8 <商品の状態>をタップします。

9 商品の状態を選択します。

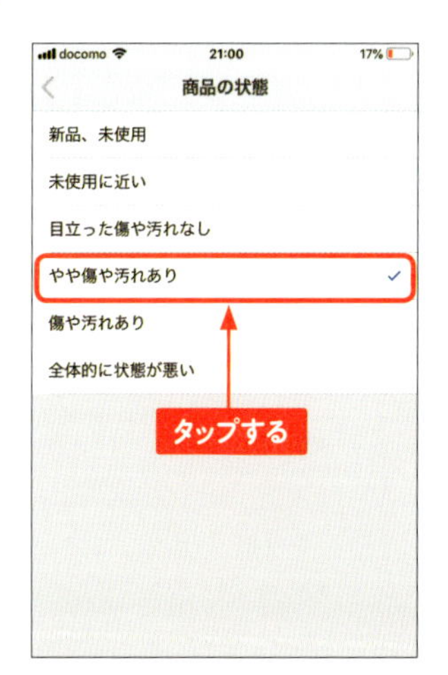

10 <配送料の負担>をタップします。

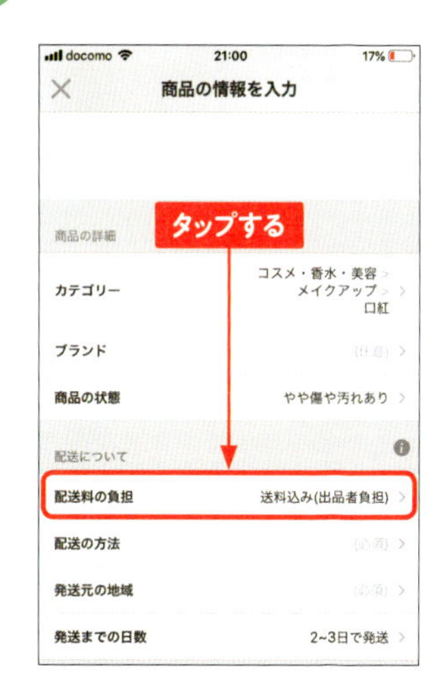

11 「送料込み」または「着払い」を選択します。

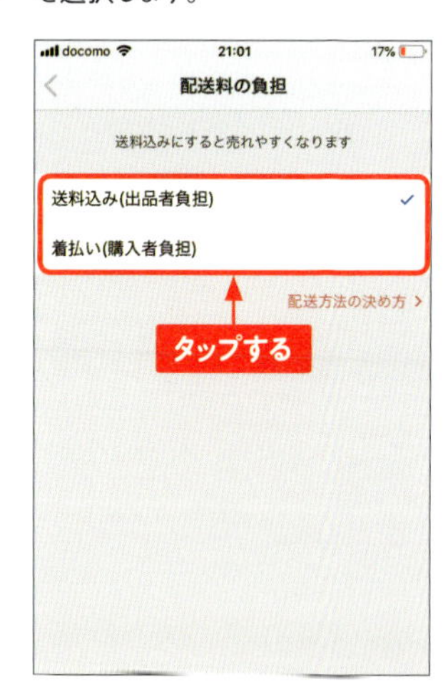

Memo **配送料の負担**

メルカリでは出品者が送料を負担する商品の方が売れやすいです。「配送料の負担」を「送料込み」にして、商品価格は送料を入れた金額に設定しましょう。

12 ＜配送の方法＞をタップします。

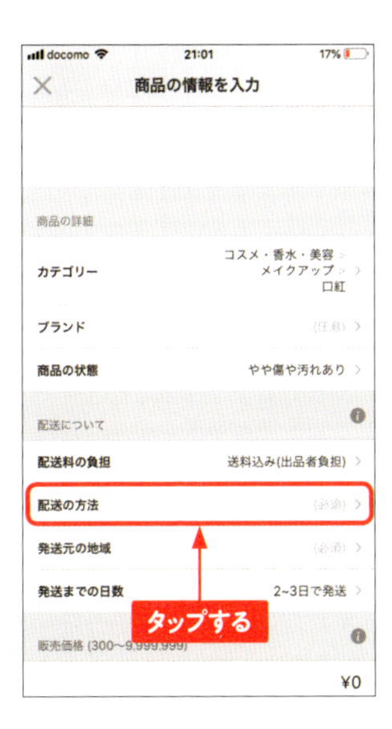

13 配送方法を選択します。決められない場合は「未定」にします。匿名配送にするにはメルカリ便を選択してください。

14 ＜発送元の地域＞をタップします。

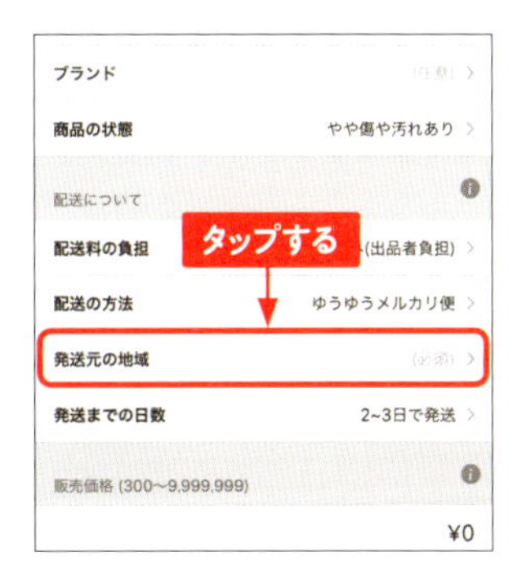

15 地域を選択します。次回からはここで選択した地域が自動で表示されます。

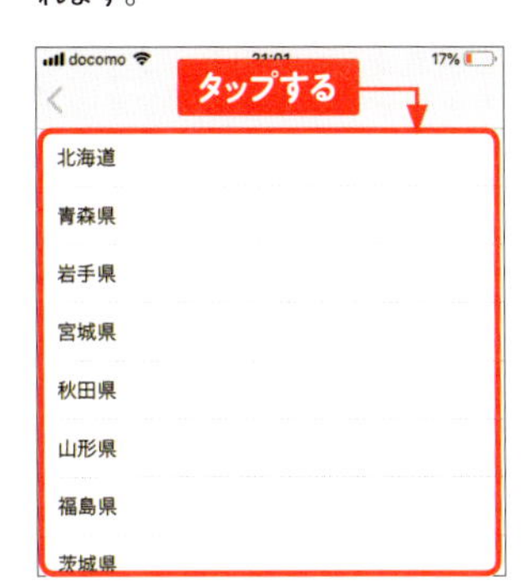

16 ＜発送までの日数＞をタップします。

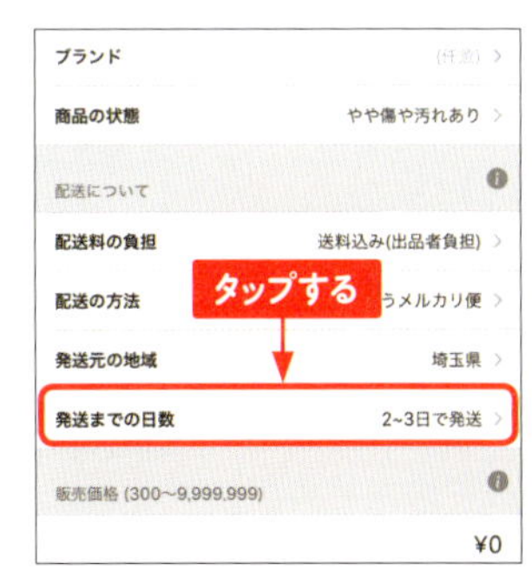

17 日数を選択します。

18 販売価格をタップします。

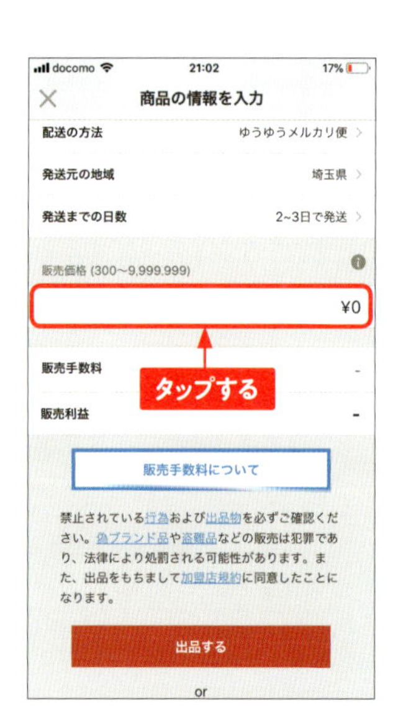

19 販売価格を入力します。

20 <出品する>をタップします。利用者が増える時間帯など、後で出品する場合は<下書きに保存>をタップします。

下書きした商品を出品する場合

1 <出品>をタップします。

2 <下書き一覧へ>をタップします。

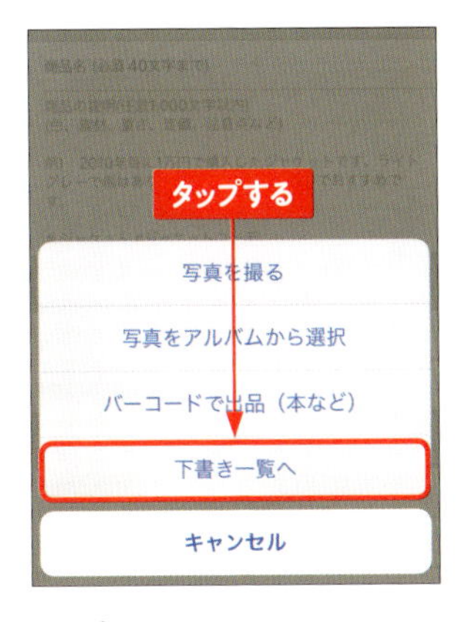

3 一覧から商品を選んでタップします。

4 商品の編集画面が表示されるので、入力の続きを編集して<出品する>をタップします。

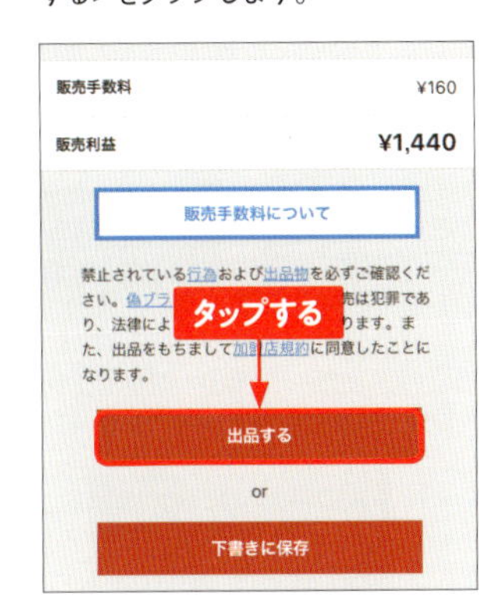

Memo 販売価格の決め方

商品の状態によって、「新品・未使用品」は定価の60～80%、「汚れがない中古品」は30～60%、「汚れが目立つ中古品」は20～40%を目安に設定します。また、ここで入力した金額の10%はメルカリに渡すので、手元に入るのは販売価格×0.9です。送料と合わせて損をしないように設定してください。

Section 32 出品した商品を確認しよう

自分が出品した商品を確認したい時は、出品一覧から表示できます。値段を下げるときや商品説明を修正するとき、一時的に出品を停止するときにも一覧から行うので、いつでも開けるようにしておきましょう。

出品一覧を表示する

1 ホーム画面で≡をタップします。

2 <出品した商品>をタップします。

3 一覧から商品をタップします。

4 出品した商品が表示されます。

ユーザーからの質問に答えよう

出品した商品に興味を持ってくれた人から、値下げについてや複数購入についてなどいろいろな質問が来ます。コメントが付くと、右上のベルに数字が付くので、なるべく早く返信しましょう。なお、返信例はSec.65で紹介します。

コメントを送信する

1 コメントが付くと🔔に数字が付くのでタップします。

2 「○○さんが「▲▲」にコメントしました」をタップします。

3 下から上へスワイプするとコメントを読むことができます。返信するには「すべてのコメントを見る」をタップします。

4 ボックス内にコメントを入力して「送信」（Androidは▶）をタップします。投稿者のコメントを削除したい場合は、右端にある<ゴミ箱>(Androidでは右上の🏴→「コメント削除」をタップし、コメントの右にある「削除」をタップ）をタップします。

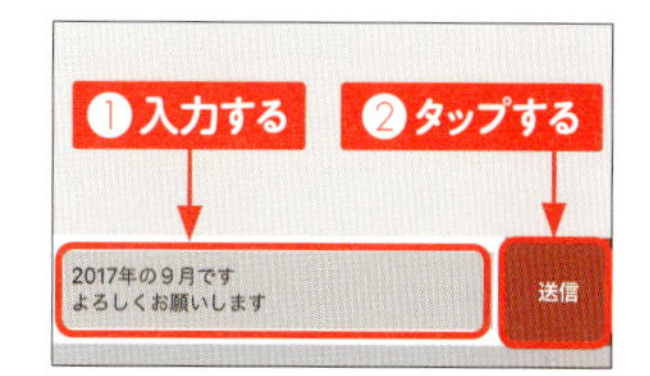

商品情報を編集しよう

配送方法の変更や商品説明の追記など、出品時に入力した情報に変更や追加があった場合は、いつでも編集することができます。編集したら、最後に<変更する>ボタンをタップすることを忘れないようにしましょう。

商品を編集する

1 Sec.32を参考にして、 をタップし、<出品した商品>をタップし、編集する商品をタップします。

2 <商品の編集>をタップします。

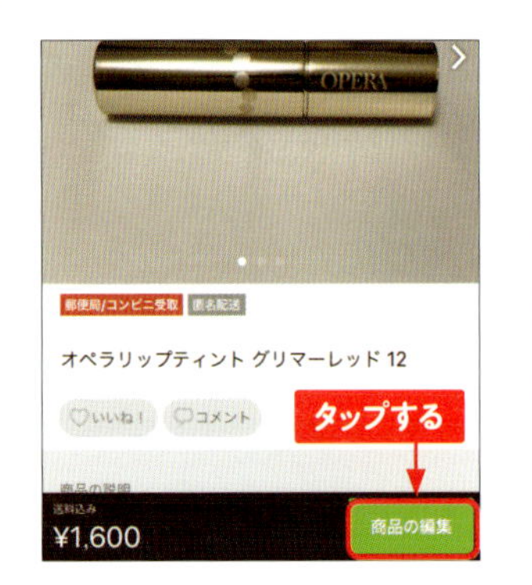

3 タップして修正します。

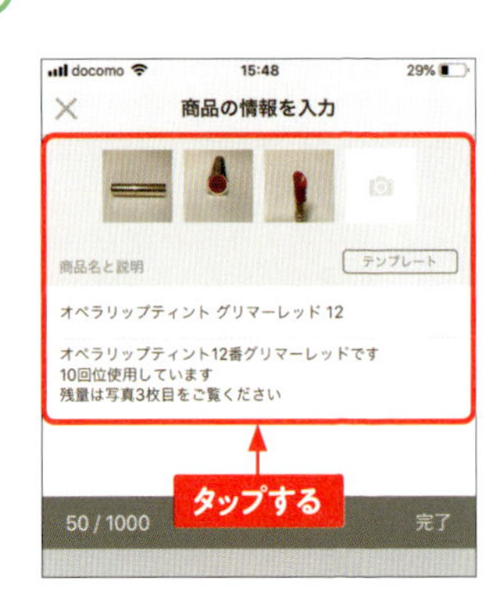

4 下から上へスワイプし、<変更する>をタップします。

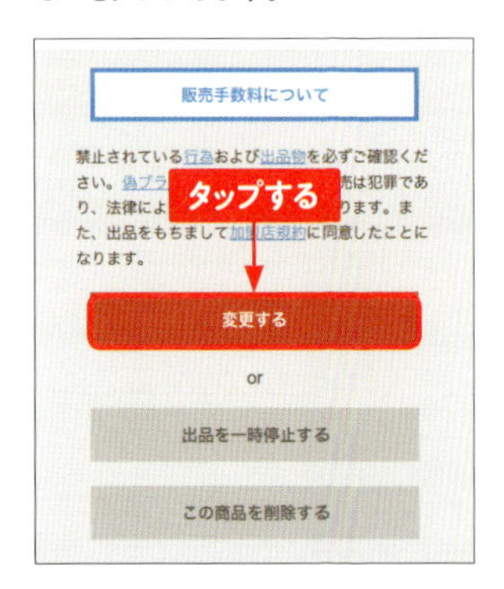

値段を下げて売ってみよう

出品したもののなかなか売れないときは、値段が高すぎるのかもしれません。そのような場合は値下げしてみましょう。すぐにでも売りたい場合は大幅に下げれば売れますが、できるだけ損をしたくないので徐々に下げていきましょう。

販売価格を変更する

① Sec.34の手順②の画面で、<商品の編集>をタップします。

② 「販売価格」の値段をタップします。

③ 金額を入力し、<変更する>をタップします。

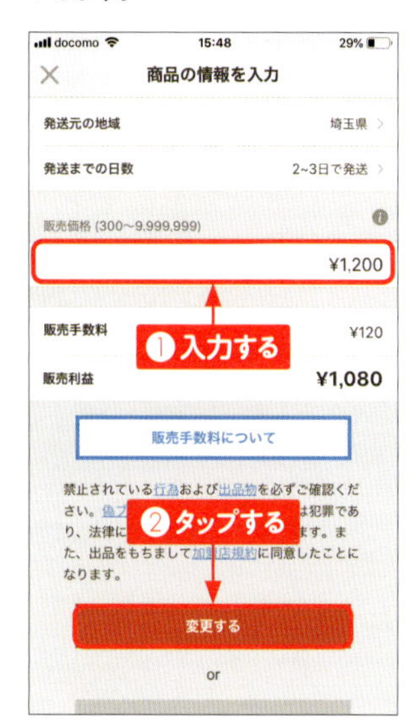

Section 36 発送の準備をしよう

商品が売れたら、購入者に買ってくれた御礼を送ってから、発送の準備に取り掛かります。梱包についてはSec.69で説明するので、ここでは一般的な梱包方法を説明します。発送準備は、はじめは面倒ですが、慣れてくると手際よくできるようになります。

購入者と連絡を取る

1. 商品が売れたら、右上の✓をタップします。

2. 売れた商品をタップします。もしくは、メニューの<出品した商品>→<取引中>から開きます。

3. メッセージボックスをタップし、買ってくれたお礼と発送についてのメッセージを入力し、<取引メッセージを送る>をタップします。

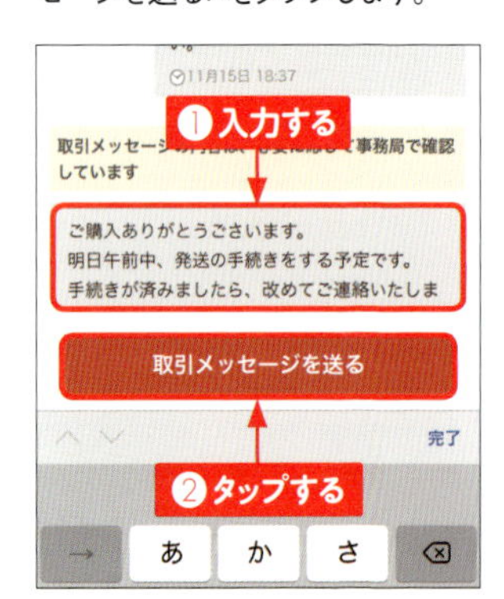

取引メッセージの書き方

「ご購入ありがとうございます」と、買ってくれたお礼を書きます。また、「明日午前中、発送の手続きをする予定です。」のように、発送予定日についても書いてあげると安心してもらえます。

商品を梱包する

1 埃やゴミなどが付いていないか再度チェックし、指紋は柔らかい布でふき取ります。

2 プチプチ・緩衝材に包みます。

3 封筒やショップの袋などに入れ、封をします。

4 メルカリ便の場合は住所氏名を書かずに出します。

Memo メルカリ便の場合は住所や氏名を書かない

メルカリ便を使う場合は、封筒に相手や自分の住所・氏名を書く必要はありません。取引画面にも相手の住所氏名が表示されません。配送方法をメルカリ便以外（普通郵便やゆうメール、未定など）にした場合は、取引画面に相手の住所と氏名が表示されます。

商品を発送しよう

ここではメルカリ便を中心に、よく利用される発送方法について説明します。発送方法によって商品の持ち込み場所が異なるので注意してください。発送したら、購入者にメッセージを送ると安心してもらえます。

らくらくメルカリ便で発送する場合

1 ホーム画面で、右上の✓をタップし、購入された商品をタップします。

2 持ち込み場所を選択します。らくらくメルカリ便の場合、宅配便ロッカー「PUDOステーション」や集荷サービスもあります。ここでは<コンビニ・宅配便ロッカーから配送>をタップします。

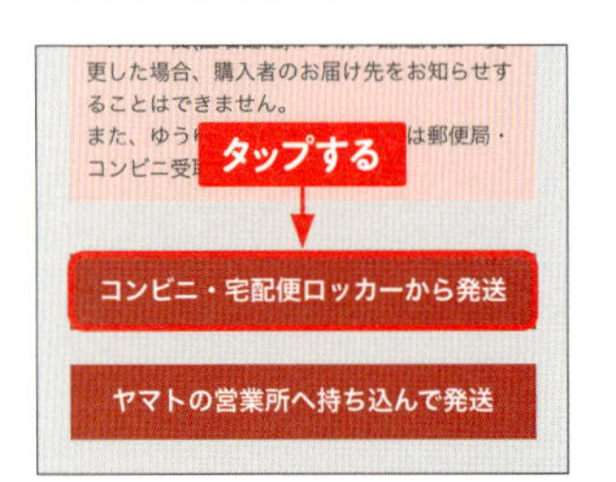

3 コンビニを選択します。ここではファミリーマートを選択します。

Memo ゆうゆうメルカリ便への変更

購入後にゆうゆうメルカリ便に変更することもできます。手順2の画面で<らくらくメルカリ便を使わない>をタップし、<ゆうゆうメルカリ便で発送する>を選択すると、匿名のまま変更できます。ゆうゆうメルカリ便からららくらくメルカリ便への変更も可能です。

4 <サイズ>をタップし、商品のサイズによって、<ネコポス><宅急便コンパクト><宅急便>から選択します。宅急便コンパクトの場合は、専用ボックスを購入します。

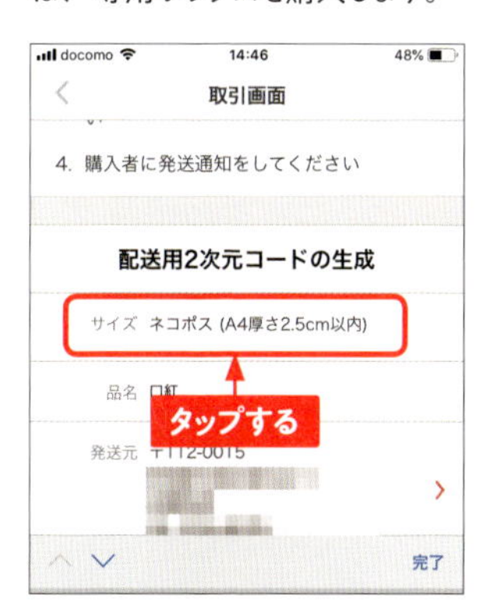

5 <配送用の2次元コードを表示する>をタップします。

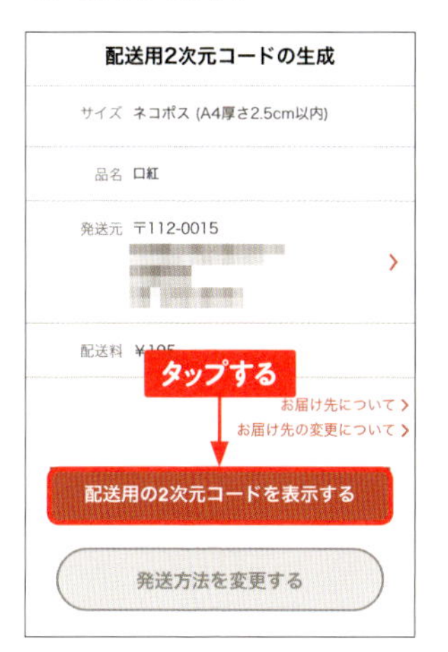

6 2次元コードが表示されます。

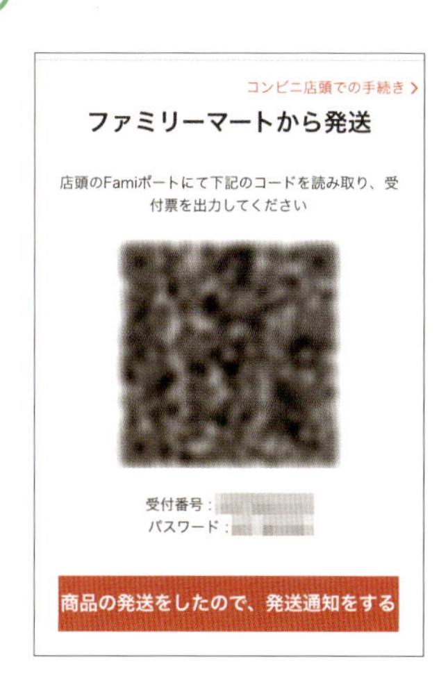

7 ファミリーマートの場合は店内にある端末「Famiポート」の「配送サービス」を選択して画面の指示に従ってコードを読み取り、排出された紙をレジへ持っていきます。料金は売上金から引かれるのでレジでは払いません。

Memo セブンイレブン・ヤマト営業所の場合

セブンイレブンの場合は、端末ではなくレジでバーコードを提示します。ヤマト営業所の場合は、設置してある「ネコピット」という端末の画面で「提携フリマサイト」をタップして2次元コードを読み取ります。

ゆうゆうメルカリ便で発送する場合

1 P.82の手順①を参考にして購入された商品を表示し、＜サイズ＞をタップして、＜ゆうパケット＞または＜ゆうパック＞をタップして、＜完了＞をタップします。

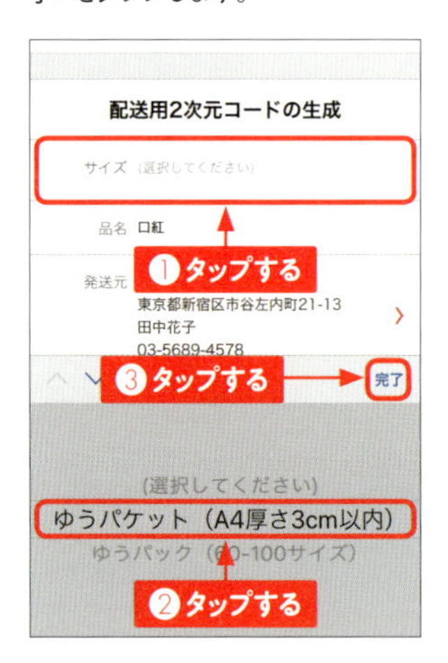

2 ＜郵便局用2次元コードを表示する＞（コンビニの場合は＜コンビニ用2次元コードを表示する＞）をタップします。

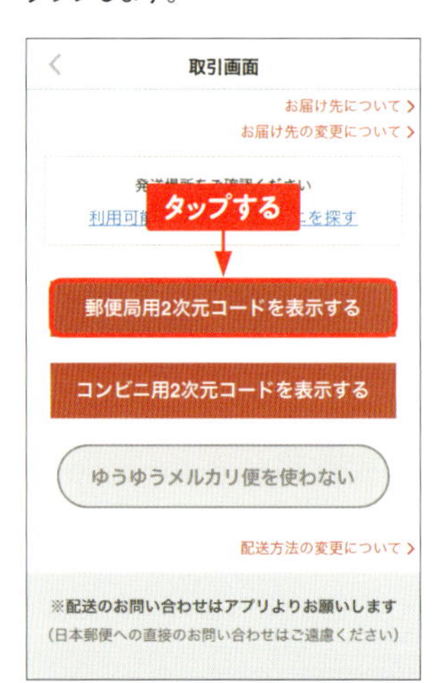

3 2次元コードが表示されるので、郵便局に設置してある「ゆうプリタッチ」でコードを読み取り、排出された紙を窓口に持っていきます（郵便局によっては窓口で読み取ります）。送料は売上金から引かれるので窓口では払いません。

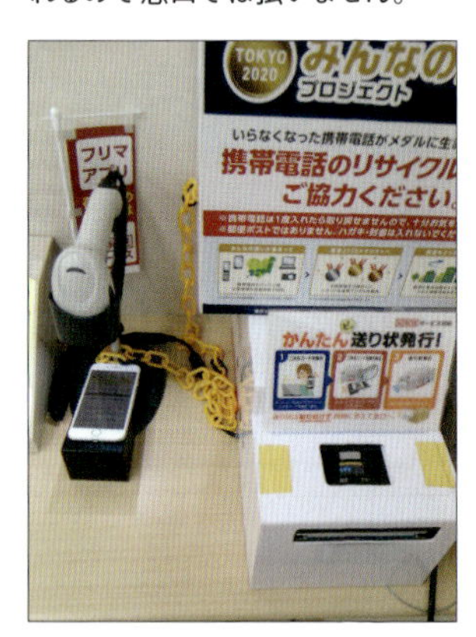

Memo ローソンでの発送方法

ローソンの場合は、店内の端末「Loppi」の画面「各種番号をお持ちの方」を選択して画面の指示に従ってコードを読み取り、排出された紙をレジへ持っていきます。

その他の発送

レターパック

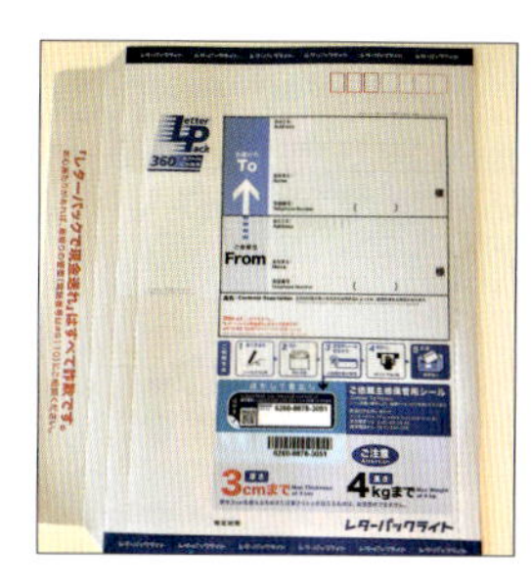

厚みが3cmまでのレターパックライト（360円）と厚みは関係ないレターパックプラス（510円）があります。レターパックの封筒を郵便局やコンビニで購入し、宛先と差出人を書いてポストに投函します。封筒代に配送料が含まれているので、他に料金はかかりません。

普通郵便やゆうメール

相手の住所を手書きまたは印刷し切手を貼って、郵便局の窓口またはポストに投函します。

クリックポスト

クリックポストは、厚さ3cm、A4サイズ程度の商品を全国一律185円で送れるサービスです。https://clickpost.jp/にアクセスし、Yahoo !のアカウントでログインし、手続きします。最後の画面に表示される宛名ラベルを印刷し、梱包した商品に貼り付け郵便局の窓口に出すか郵便ポストに投函します。切手を貼る必要はありません。なお、送料の支払いはYahoo!ウォレット（クレジットカード払い）となります。

発送したことを通知しよう

商品を発送したら、購入者に発送したことを伝えます。取引画面に表示されているボタンをタップすると自動的に送ることができますが、手入力のメッセージも送っておくと安心してもらえます。

発送通知を送る

1 発送したら、取引画面に表示されている<商品の発送をしたので、発送通知をする>をタップします。

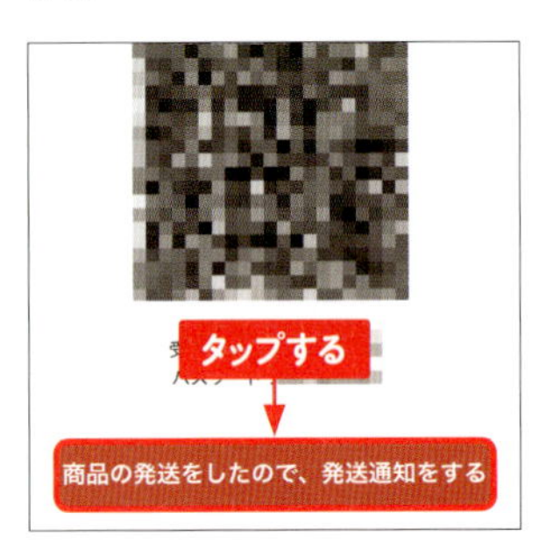

2 <はい>をタップします。

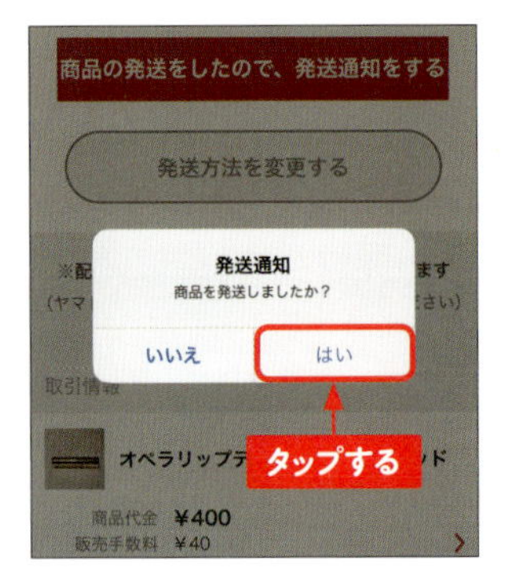

3 発送の通知をしました。購入者へは、自動的に発送通知が届きます。メルカリ便の場合は配送状況が表示されます。

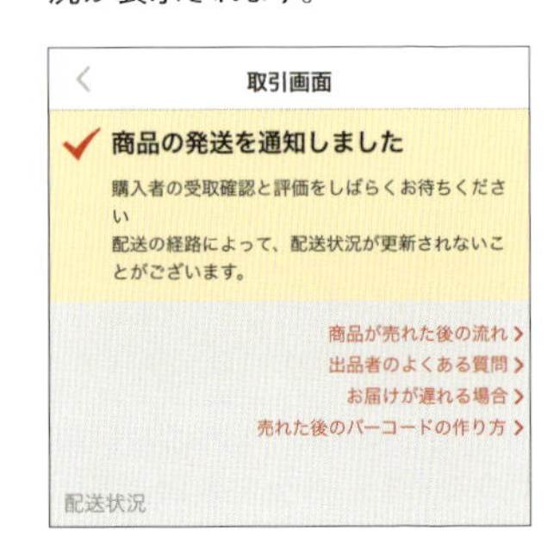

4 さらに個別でメッセージを送ると安心してもらえるので、メッセージを入力し、<取引メッセージを送る>をタップします。

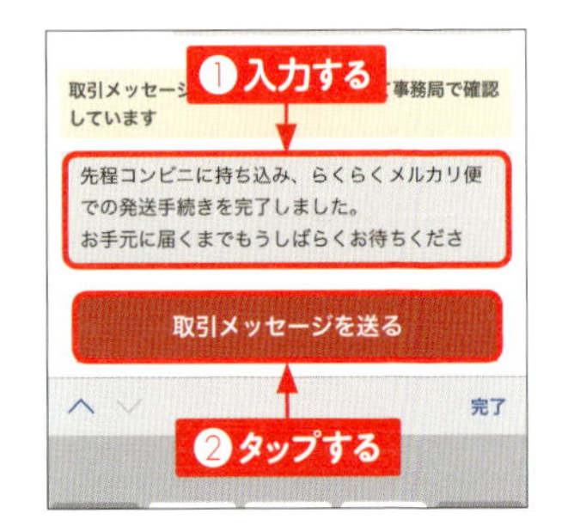

取引を完了しよう

第2章Sec.27のように購入者が評価を付けてくれると、出品者も購入者の評価を付けられるようになります。メルカリでは、お互いが評価を入れないと取引完了にならず、売上金が計上されないので、忘れずに付けるようにしてください。

評価を付ける

1 購入者が評価を付けると、やることリストに表示されます。✓をタップし、商品をタップします。この時点では購入者がどのような評価を付けたかは見えません。

2 評価をタップします。

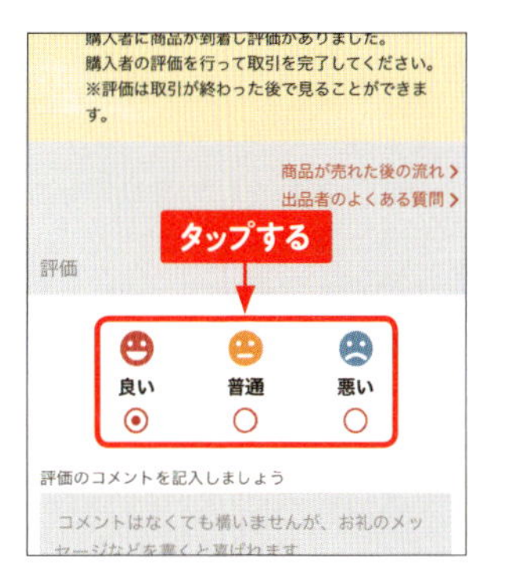

3 コメントを入力して、<購入者を評価して取引完了する>をタップし、<はい>をタップします。投稿後は修正できないので慎重に入力してください。

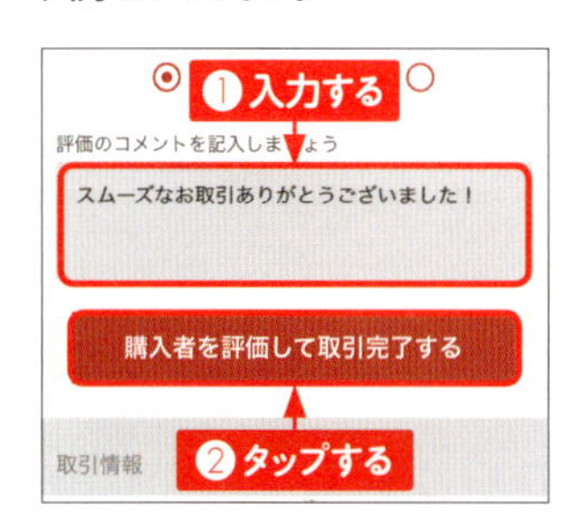

4 取引が完了します。

商品を再出品しよう

再出品には、一時的に出品を停止して再出品する方法と、商品を削除して新着として再出品する方法があります。一時停止する方法は、旅行に行くときや仕事が忙しくてしばらく取引ができない状況にあるときにも役立ちます。

出品を一時停止する

1 ホーム画面の☰→<出品した商品>から停止したい商品をタップします。<商品の編集>をタップします。

2 <出品を一時停止する>（Androidでは<出品を一旦停止する>）をタップします。

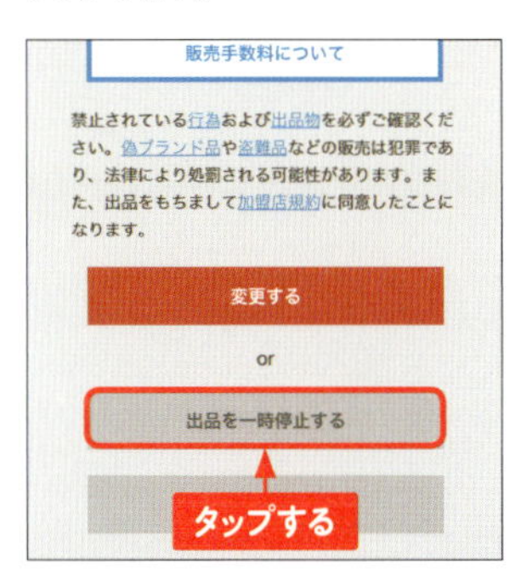

3 一時停止され、左上に「公開停止中」と表示されます。

すべての商品の公開停止する

旅行や出張などで長期間メルカリができないときには、すべての出品物を停止しましょう。☰をタップし、<出品した商品>をタップし、<編集>をタップし、<すべて公開停止にする>（Androidでは<すべて公開停止>）をタップします。公開するときは<すべて公開にする>（Androidでは<すべて公開>）をタップします。

停止していた商品を再出品する

1. 商品の編集画面で<出品を再開する>をタップします。

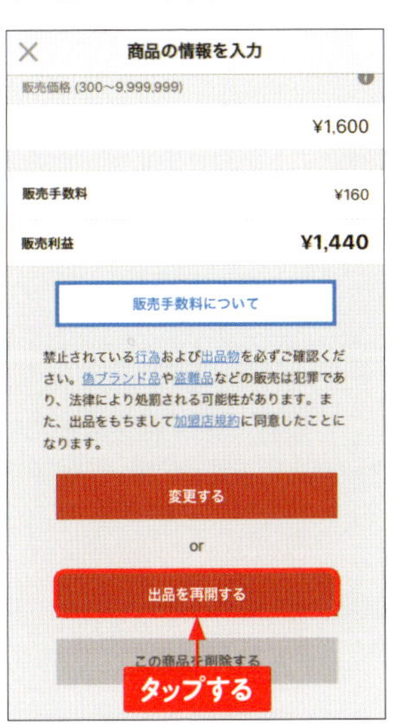

2. 再出品できました。

商品を新着として再出品する

解説の方法での再出品は、新着に表示されず元の位置に表示されるので、新着として載せたいときは、商品を削除してから出品します。その際、商品説明を再入力するのは面倒なので、コピーして保存しましょう。商品説明欄を長押し、<コピー>を選択し、メモアプリやメールアプリなどに貼り付けて保存します。商品を削除するには、削除する商品の編集画面を表示し、<この商品を削除する>をタップします。削除したら、新しい出品画面の商品説明欄に先ほどコピーした文章を貼り付けて出品します。

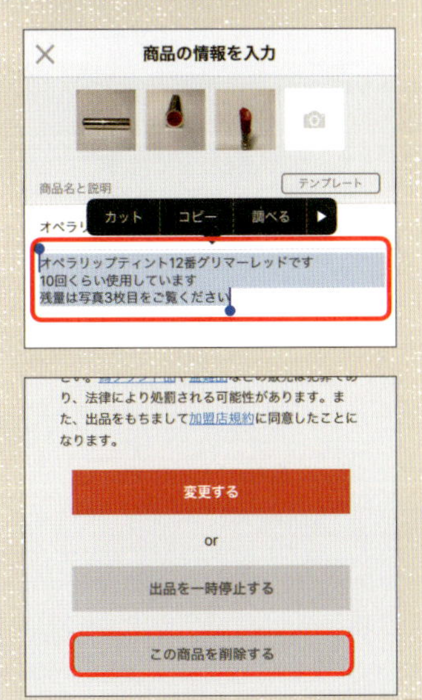

売れた商品の代金を受け取ろう

売れた商品の代金をポイントに替えて他の物を買うことができますが、お金として受け取りたい場合は申請手続きが必要です。売上金が1万円以上であれば、手数料なしで振り込んでもらえるので申請しましょう。

振込申請をする

1 ホーム画面左上の≡をタップし、<設定>をタップします。

2 <売上・振込申請>をタップします。

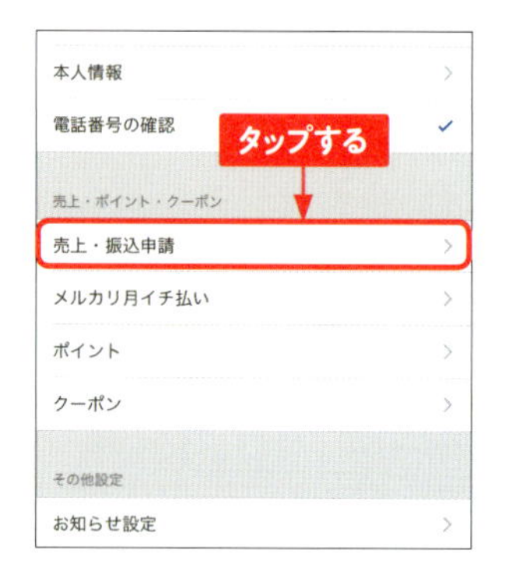

3 現在の売上金が表示されています。<振込申請して現金を受け取る>をタップします。

売上金でポイントを購
タップする
売上金での購入について
振込申請して現金を受け取る
振込申請履歴

Memo 売上金の振込申請

売上金には振込申請期限があるので、6ヶ月以内に振込申請をするか、ポイントを購入して使用してください。申請期限は、≡→<設定>→<売上・振込申請>→<売上金の振込申請期限>で確認できます。申請は211円から可能で、1万円未満の場合は振込手数料210円を差し引いた金額が振り込まれます。振込申請期限を過ぎた場合は、登録している口座に自動的に振り込まれます。なお、振込先口座は本人名義の口座を指定してください。

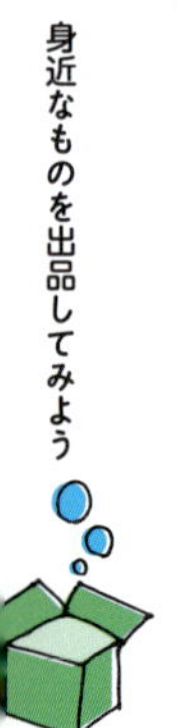

4 <確認する>をタップします。

5 振込先口座の情報を正しく入力します。他の口座に振り込まれてしまった場合、組戻し手数料と時間がかかるので気を付けてください。<次へ>をタップします。

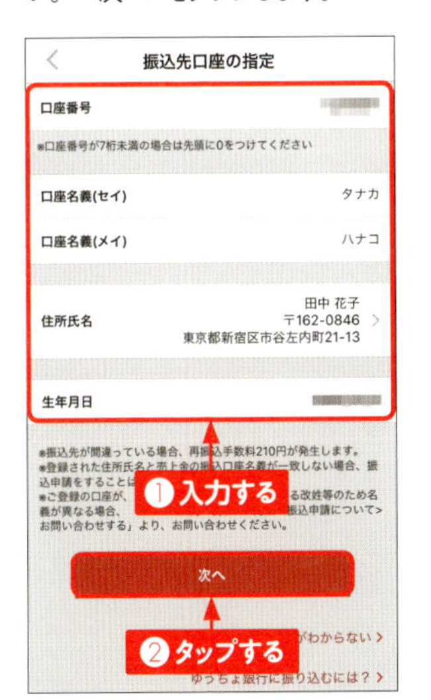

6 <はい>をタップします。

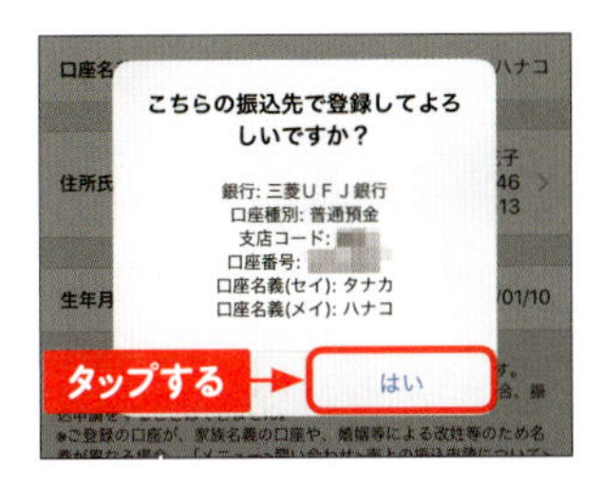

7 「振込申請金額」欄に振込金額を入力します。

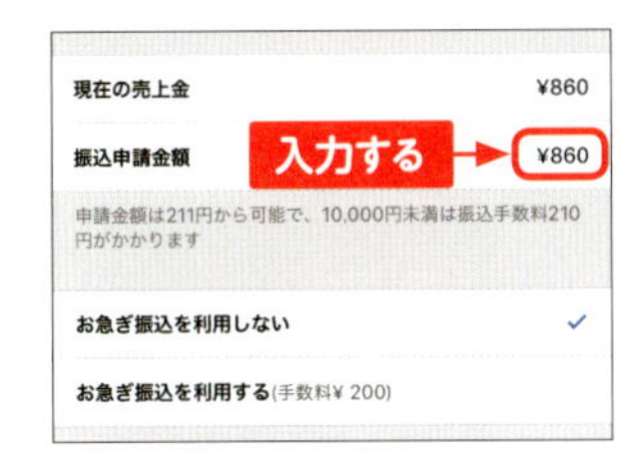

8 振込金額を確認し、<確認する>をタップします。10,000円未満の場合は振込手数料がかかります。メッセージが表示されたら<はい>をタップします。

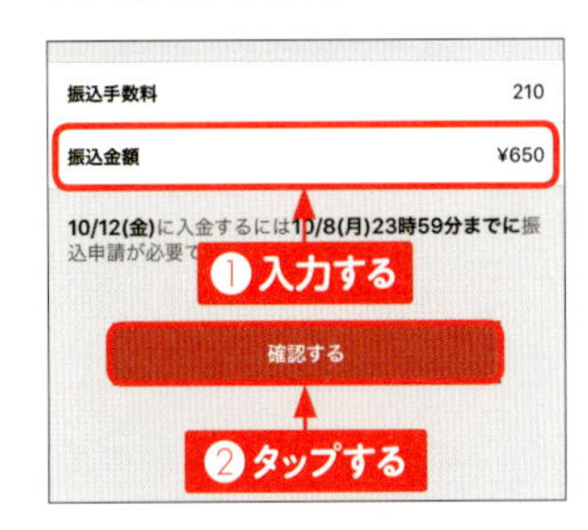

Memo 売上金の振込スケジュール

毎週月曜日を振込申請の締め切り日とし、締め切り日から数えて4営業日目に振り込まれます。例えば、11月5日月曜日に申請した場合、11月9日金曜日に振り込まれます。振り込まれる時間は金融機関によって異なります。

売却した商品を削除しよう

プロフィール画面や検索結果には、売り終わった商品も表示されます。過去に売った商品を見られたくない場合は、取引終了後2週間経てば削除できます。削除しても売上履歴には残っているので、商品を確認することは可能です。

売却した商品を削除する

1 ホーム画面左上の ≡ をタップし、<出品した商品>をタップします。

2 <売却済み>をタップし、削除する商品をタップします（Androidはその後<取引画面へ>をタップ）。

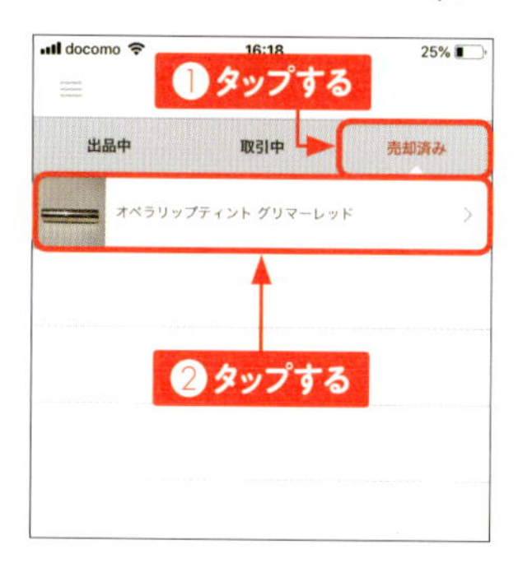

3 <この商品を削除する>をタップし、メッセージが表示されたら<はい>をタップします。

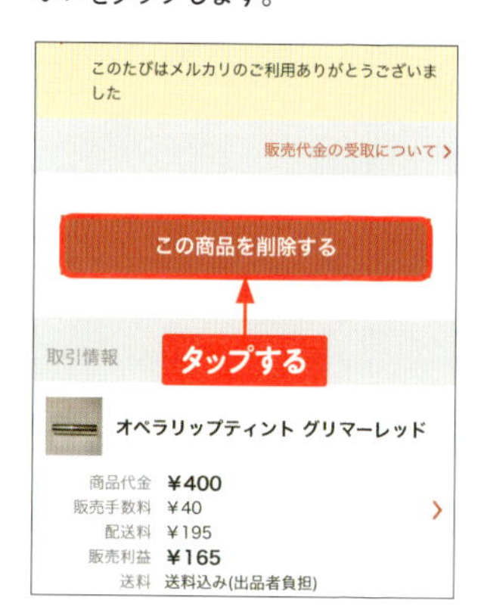

売却済み商品の削除

売却した商品は、取引終了後2週間経てば削除できます。削除した商品を後から見たくなったときには売上履歴から表示します。ただし、購入者名はわかりますが、メッセージのやり取りや送り先は表示されません。

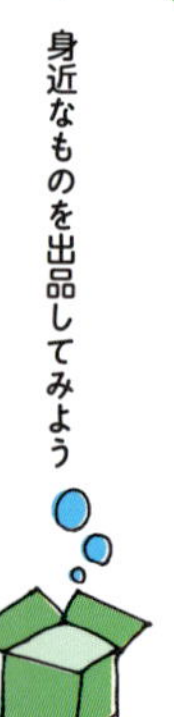

削除した売却商品を見る

① ホーム画面左上の≡をタップし、<設定>をタップします。

② <売上・振込申請>をタップします。

③ <売上履歴>をタップします。

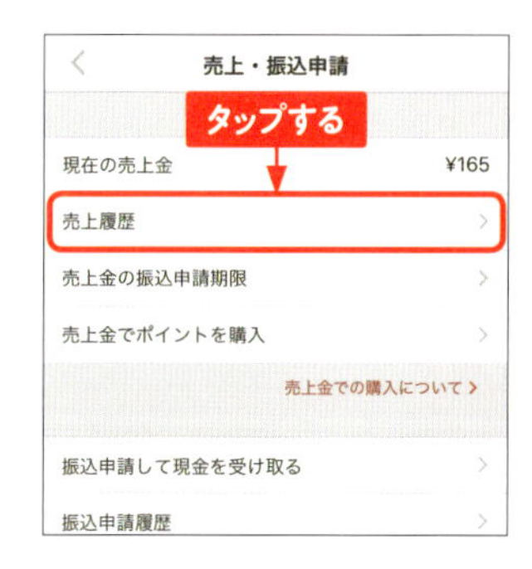

④ 見たい商品をタップします。

⑤ 商品の取引画面が表示されます。

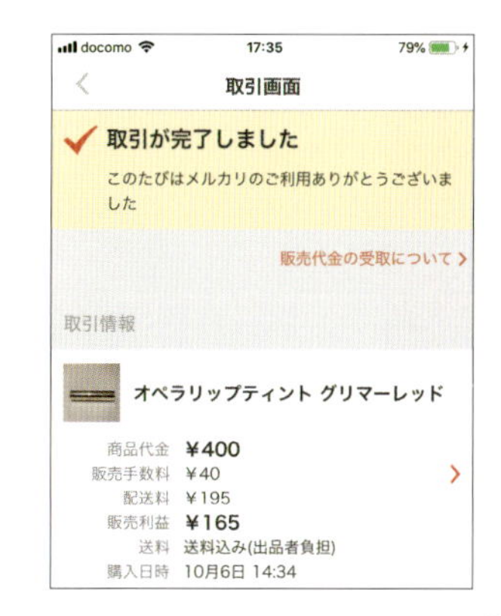

ブランド品を出品する時の注意点

偽物の出品は法律違反

偽物の販売は商標権、意匠権、著作権などの法律で禁止されています。メルカリ事務局が正規品の確証がないと判断した場合、取引のキャンセル、商品削除、退会処分の対象となるので気を付けてください。「〇〇風」「正規品かどうかはわかりません」などと記載するのもNGです。

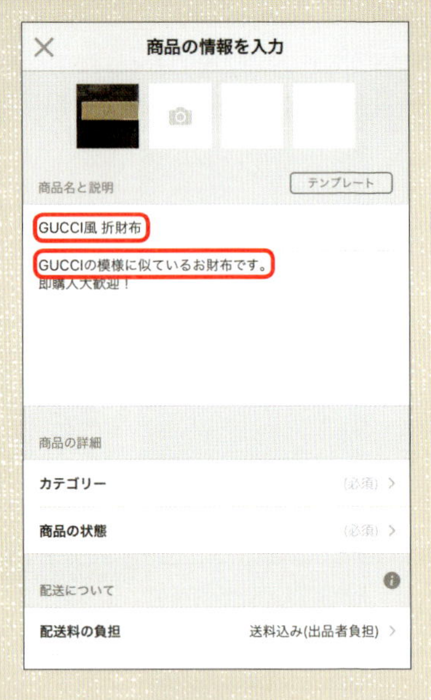

正規品の証拠写真を載せる

正規品であることの証明として、鑑定書やレシートなどがあれば撮影して写真を載せてください。
ロゴの拡大写真も載せておきましょう。また、商品説明欄に購入店を記載しておくのもポイントです。うっかり偽物を出品してしまうことがないように、普段から怪しい商品に手を出さない方が無難です。

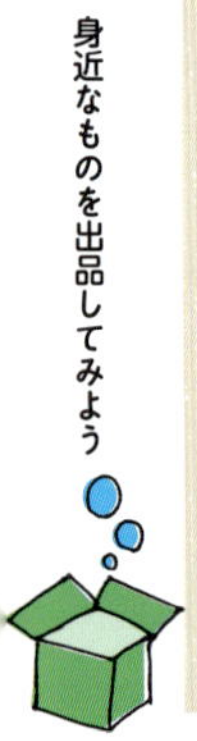

もっときれいに撮れる！ 商品写真のテクニック

Section 43 商品写真の3つのポイント

商品一覧にある写真の写りがよくないと、興味を持ってもらえなかったり、他の人の商品が選ばれてしまうことがあります。商品写真は、メルカリで商品を売るためにとても重要なので、ここでポイントを紹介します。

全体がわかるように撮る

サイズの大きいものは、スマホを近づけて撮影すると画面に収まりません。商品の一部分だけの写真だと、全体像がわからず、結局買うのを止めてしまう人もいます。商品から離れて撮影すれば、大きな物でも全体を入れることができます。その際、部屋にある余計な物が写らないように周辺を片付けてから撮るようにしてください。

全体が見えていないとよくわからない

全体を撮影するとわかりやすい

メジャーや定規を添えたり、小物をおくと、おおよそのサイズの目安になります。この場合は、商品説明欄に「写真に写っている小物は出品対象外です」と記載しておきましょう。

ピントを合わせる

スマホの持ち方が不安定のまま撮影すると、写真がぼけてしまいます。ピンボケした写真では購買意欲もわきません。スマホをしっかりと持って固定させて撮影しましょう。メルカリアプリのカメラでは目的の位置にピントを合わせられませんが、他のカメラアプリを使うと的確にピントを合わせることができます。たとえば、iPhoneの標準カメラアプリでは、画面をタップするだけでピントを合わせることができます。

ピンボケした写真は魅力がない

カメラアプリなら目的の箇所にピントを合わせられる

明るめに撮る

暗い写真より、明るい写真の方が印象がよいので、注目されます。明るい写真を撮るには、日中の自然光で撮るのが一番ですが、日中撮影できない場合は、明るい部屋でフラッシュをオンにせず、オフにして撮影しましょう。その方が明るい写真になります。

フラッシュをオンにした写真

フラッシュをオフにした写真

購入してもらうためには1枚目の写真が重要

商品写真は10枚まで掲載できますが、商品を探すときに表示されるのは1枚目の写真です。そのため、1枚目の写真はとても重要と言えます。背景や置き方を工夫するだけで見栄えの良い写真になるので参考にしてください。

背景を選ぶ

メルカリでは、清潔感がある写真が注目されます。同じ商品を出品した場合、畳の上に置いた写真と綺麗な紙の上に置いた写真では、閲覧数が全く違ってきます。フローリングの上に置いて撮影した写真も綺麗に見えますが、衛生面を気にする人もいるので、紙か布を敷くことをおすすめします。背景色は白が一番清潔かつ綺麗に見えるので、A4のコピー用紙、カレンダーの裏側、白い布などの上で撮影してみましょう。

畳の上に置いて撮影した写真

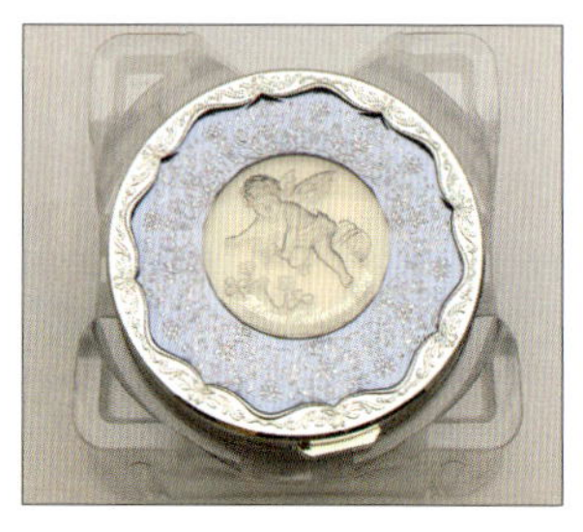

白い布の上に置いて撮影した写真

衣類もふすまやカーテンの前にかけるより、白い壁にかけたほうが綺麗に写ります。

置き方を工夫する

立体感を出したいときには、商品を立てて撮影します。バッグやぬいぐるみなど自立できないものは、後ろに支えとなる箱などを置くと立たせることができます。また、バッグやポーチ、リュックなどは、へこんでいると見た目が悪いです。そのようなときは、中に紙やプチプチ・緩衝材などを詰めると立体感が出て、自由な形で立たせることができます。

バッグの後ろに箱を置いて支えています。

バッグの中に紙を詰めると立体感を出せます。

複数個の場合は整列させる

10点セットなど複数を出品するときには、複数の出品であることがわかるように、1枚目の写真に複数個が写っている写真を入れ、「こんなにたくさんで○円!」というイメージを与えるようにします。ただし、商品がバラバラに配置されていると、だらしない印象を与えるので、お店に並んでいる商品をイメージして、整列させましょう。

バラバラの写真

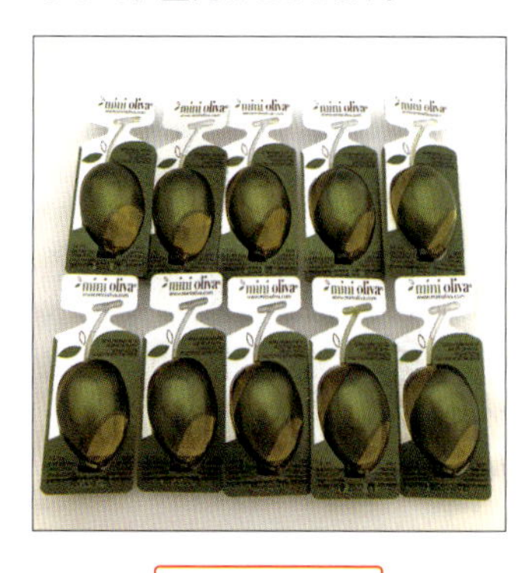

整列させた写真

2枚目以降はポイントをアップで撮ろう

2枚目以降は、商品の特徴となる写真を載せましょう。ブランドのロゴやタグの写真は見たい人がいるはずです。購入者の立場に立って、買う時に何を知りたいかを考えると、どのような写真を載せるべきかが見えてきます。

見せたい部分をアップで撮る

2枚目には、商品の特徴となる写真を載せてください。ブランド品であれば、ロゴの写真です。ロゴがあった方が売れやすいので必ず入れるようにしましょう。
また、他の商品にはない特徴的な部分を載せます。たとえば、イヤホンの場合、音量ボタンの部分をアップで載せて、音量調節できることを強調します。Sec.54のように撮影した後に切り抜きの編集で拡大させる方法もあります。

ブランド品のロゴの写真

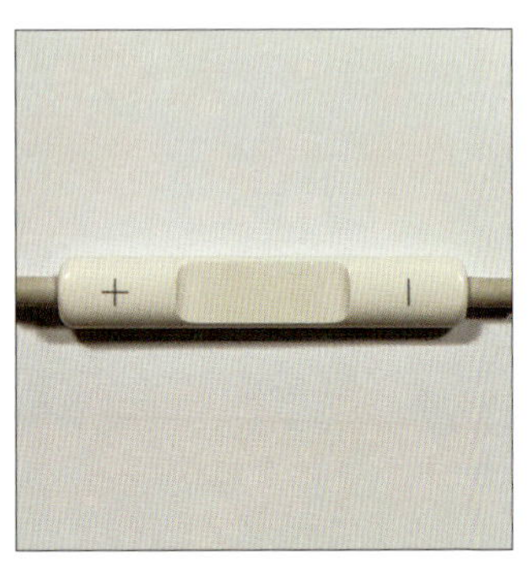

特徴的な部分の写真

Memo 1枚目と2枚目の写真を入れ替える

メルカリアプリの写真は、撮影した順または追加した順に、1枚目、2枚目・・・と表示されます。順序を入れ替えたい場合は撮りなおさなくても、写真を長押ししたままドラッグすると入れ替えることができます。

角度や視点を変えて撮る

パーカーやトレーナーなどは、「背中に絵柄が付いていますか?」と質問が来ることがよくあります。また、インテリア小物やフィギュアなどは、違う角度から見るとどのようになっているのか知りたいはずです。正面からの写真だけでなく、背面の写真、横からの写真、上からの写真などを2枚目以降に載せましょう。
また、別の角度・視点からの撮影により、美品であることも強調できます。たとえば、靴の場合、靴底がすり減っていないことを見せるために靴の裏側の写真、財布やバッグの場合は、中が綺麗な方が売れやすいので内側の写真を載せます。

靴の裏側の写真

バッグの内側の写真

タグを見せる

子供服やベビー服、コートなどは、素材についてよく質問が来ます。商品説明に入力する時間がない場合は、タグを撮影して載せておくと、質問に答える必要がなくなります。

全体の写真

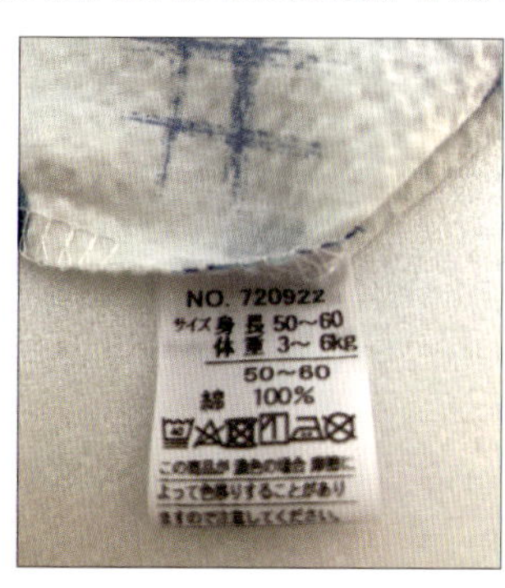

素材のタグのアップ

気になる点は写真に載せてクレーム防止しよう

傷やシミなどを隠そうとして写真を載せないのは、メルカリでは逆効果です。商品を受けとったときに「商品説明に載っていなかった」と言われないように、傷の写真を載せておき、承知してもらった上で買ってもらいましょう。

あえて傷の写真を載せる

商品に傷がある場合、どのような傷なのかは文章では伝わりにくいものです。購入者に「思っていたよりも傷がひどかった」と、悪い評価を付けられてしまうと、他の商品の売れ行きに影響します。そこで傷の写真を載せることで、信頼できる出品者として見てもらうことができ、その後の取引もうまくいきます。家具は、目立たない箇所の傷なら気にせず買ってくれる人も多いですし、家電も多少の傷なら問題なく使えるので、買ってもらえます。

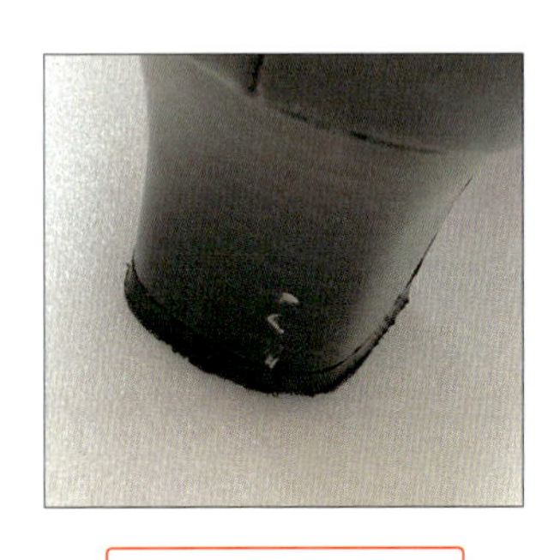

傷の程度がわかる写真

家具の目立たない部分にある傷の写真

故障部分をアップで載せる

家電や電子機器が故障していても修理して使う人もいるので、故障部分を記載すれば買ってもらえることもあります。商品説明欄に、「〇〇の部分が動きません」を入れただけではわかりにくいので、写真を載せて「写真3枚目の〇〇の部分が動きません」などと記載しましょう。

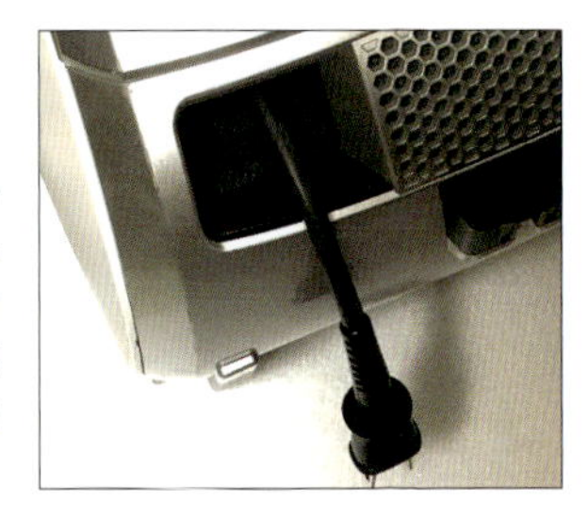

シミや黄ばみも載せる

ベビー服や子供服は、シミが付きやすいものです。出品者が大したシミでないと思っていても、他の人には大きなシミに見えることもあります。シミの写真を見て納得した上で買ってもらった方が、後でクレームが来ることがありません。

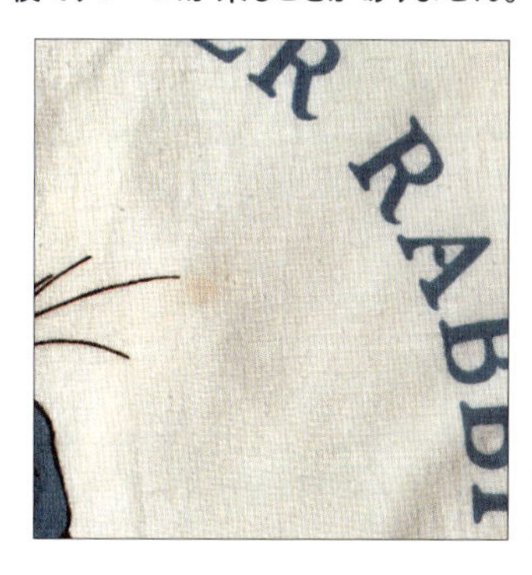

シミの写真

また、本は経年による黄ばみや日焼けによる変色が生じます。気にせずに買ってくれる人もいますが、中には気にする人もいるので、変色していることがわかるようにブックスタンドに立て掛け、側面の写真を載せましょう。

本の日焼けの写真

Memo 写り込みを防ぐ

金属やプラスティックなどの素材は、スマホや光が写り込むことがあります。そのような場合は、遠くからズームで拡大して撮影します。メルカリアプリのカメラ機能ではズームできないので、カメラアプリを使いましょう。

洋服はハンガーにかけてシワを伸ばして撮ろう

美品なのにしわくちゃの洋服の写真では、魅力がなく、なかなか売れません。なるべくならシワが目立たないように工夫して撮影しましょう。また、少し動きを付けるとおしゃれに見えるので試してみましょう。

ハンガーにかけて撮る

シャツやブレザーなどはシワがあるときれいに見えないので、売れにくくなります。アイロンをあてて伸ばせるとよいのですが、素材によっては生地を傷めてしまう物もあります。そのような場合、平置きで撮影するのではなく、壁にかけて撮影してみましょう。光の加減にもよりますが、シワが目立ちにくくなります。ただし、どうしてもシワが残る素材もあります。その場合は、「シワがありますが、これ以上の使用を増やしたくないので現状のままお送りします」と記載しましょう。
壁に画鋲を差し込めない場合は、扉に扉用のハンガーフックをかけて、ハンガーを吊るします。ハンガーフックは100円ショップにも売っています。

平置きの写真

ハンガーにかけた写真

動きを演出する

スカートやワンピースは、裾を広げてマスキングテープで貼り付けると動きを出せます。シャツの袖が垂れているのが気になるときも、マスキングテープを使えば固定できます。ただしマスキングテープの種類によっては粘着力が強い場合があるので、衣類に粘着跡が残らないことを確認してから使用しましょう。

裾の部分をテープで壁に付けます。

コートやトレーナーの袖は、プチプチ・緩衝材などを詰めると立体的になります。ネットショップで買い物したときに入っていたら取っておくと役立ちます。

袖に緩衝材などを詰めて立体的にします。

アクセサリー類は本体が目立つことを心がけよう

アクセサリーは小さいので、目立つように撮影するのがポイントです。また、肌につけるものなので清潔感も大事です。ここではアクセサリーの見栄えのよい写真の撮り方を紹介します。また、アクセサリーの種類ごとの写真についても紹介します。

背景を白か黒にする

イヤリングや指輪などのアクセサリー類は、清潔感を第一に考えて撮影します。背景の色は白が一番です。特に、白いお皿の上に載せると綺麗に撮れます。ただし、白のブレスレットや時計などは、黒の背景の方が映える場合があります。背景色に迷ったら、白と黒の両方で撮影して、本体が際立つ方を選ぶようにしてください。

白いお皿の上に載せて撮った写真

黒い布に載せて撮った写真は黒い部分が見えづらい

アクセサリーの撮り方

●ネックレスやブレスレット

ネックレスやブレスレットは、チェーンをゆるめたままにせず、のばしてから撮るようにします。ロングネックレスの場合は、白のタートルネックやセーターをハンガーにかけ、その上にネックレスをかけて撮影すると全体を綺麗に撮ることができます。
文字が刻まれている場合は、アップの写真も入れておきましょう。アップの撮影はメルカリアプリ内ではできませんが、カメラアプリなら画面上をピンチアウトして拡大できます。

白い服にかけて撮ったロングネックレス

イヤリングやピアス

イヤリングやピアスなどは、コップやグラスにかけてアップで撮影すると印象がよくなります。

指輪

指輪の場合は、白い空箱に切り込みを入れて差し込んで立てます。

時計

時計の場合は、白い厚紙をまるめて筒状にし、時計を巻いて撮影します。

Memo 指紋を付けないようにする

アクセサリーは、指紋が付きやすいので、柔らかい布で拭いてから撮影してください。白手袋を使えば、新たな指紋が付きません。使用済みでも、他人に譲る商品なので大事に扱いましょう。

コスメはブランド名や残量がわかるように撮ろう

ネットで話題になっているコスメや値段が高いコスメは、ブランド名がわかる写真を載せるとより売れやすくなります。また、残量の記載をメルカリが推奨しているので、残量がわかる写真を載せておくと安心して購入してもらえます。

ブランド名がわかるように撮る

アイシャドウやファンデーションは、似ている物が多いので、ブランド名がひと目でわかる写真を載せましょう。デパートに売っているようなブランドコスメは、ロゴをアップすることで、正規品であることの証明にもなります。外箱が残っていれば、大事に使用していたことが伝わるので一緒に撮影しましょう。

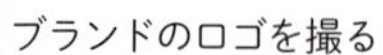
ブランドのロゴを撮る

外箱も一緒に撮る

寝かせた状態で綺麗に撮れる場合はそれでもよいですが、どちらかというと立てて撮った方が立体的で綺麗に見えます。その際、目線より下に置いて撮るのではなく、目線と同じ高さにカメラを向けて撮影します。スマホを逆さまにして撮るとよい写真が撮れることもあります。

立てて撮った写真

第4章 もっときれいに撮れる！商品写真のテクニック

残量がわかるように撮る

香水や乳液などは、残量がわかる写真を載せましょう。アイシャドウやファンデーションは、蓋を開けた状態で撮ります。その際、鏡に余計な物が写り込まないように気を付けてください。残量が見えないコスメは、説明欄に「何回くらい使ったか」「何プッシュ使ったか」などを説明欄に記載します。

残量がわかるように撮る

蓋を開けて撮る

コスメは清潔感が重要

コスメは直接肌に付けるものが多いので、綺麗に使っている人から買いたいものです。整列させて撮影し、几帳面かつ清潔感があるように見せましょう。

ごちゃごちゃした写真はNG

整列して撮る

Memo **コスメを撮影する時の注意**

乳液やリキッドファンデーションは、瓶に液が付いていると汚らしいので、液だれしている場合は拭いて落としましょう。アイシャドウやファンデーションのケースに粉が付いている場合もふき取ります。チップやパフは、できれば中性洗剤で洗って綺麗にしてから撮りましょう。

電化製品は型番や付属品を写真に載せよう

電化製品の出品には、メーカー、機種、型番の記載が欠かせませんが、写真を撮って載せておくと購入者が把握しやすくなります。また、一緒に出品する付属品も写真に入れておくと、本体だけでないことがひと目でわかります。

機種がわかる写真を撮る

家電やパソコン、プリンターなどは、新しい機種ほど売れやすいので、2枚目以降に機種や型番がわかる写真をアップで載せましょう。付属品や説明書がある場合は、一緒に出品すると売れやすいので、なるべく1枚目の写真に本体と一緒に入れます。電源コードは、結束バンドや輪ゴムで止めてから撮影してください。

型番がわかるようにする

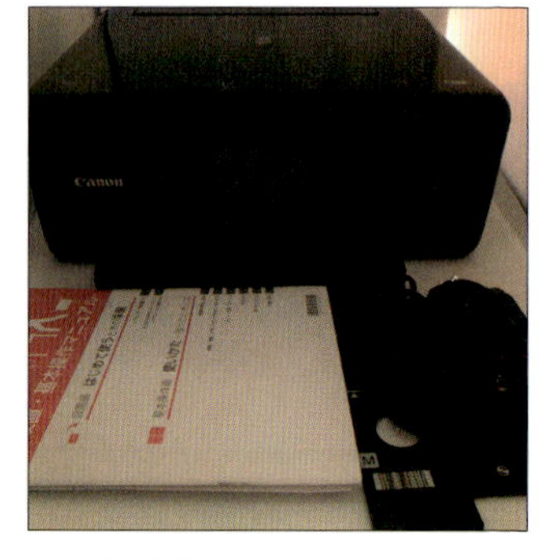

付属品と一緒に撮影する

Memo 液晶画面の写真

パソコンやプリンターは、電源が入ることがわかるように、液晶画面に文字が表示されている写真を載せます。

消耗品は未開封や消費期限がわかるように撮ろう

開封済みの食品は出品できませんが、未開封の食品なら出品できます。お菓子や瓶詰などは、開けずに未開封のままの写真を載せましょう。また、賞味期限がわかる写真も載せておくと安心して買ってもらえます。

封を開けずに撮る

メルカリは、安全に利用してもらうために衛生面も厳しく監視しています。特に食品は、体に入るものなので、開封済みの物は出品が認められていません。実際に売る商品は開封しないようにしましょう。
また、個包装食品には、消費（賞味）期限の掲載が義務付けられています。期限が書かれている部分を写真で載せておくと安心して買ってもらえるはずです。

未開封のまま撮る

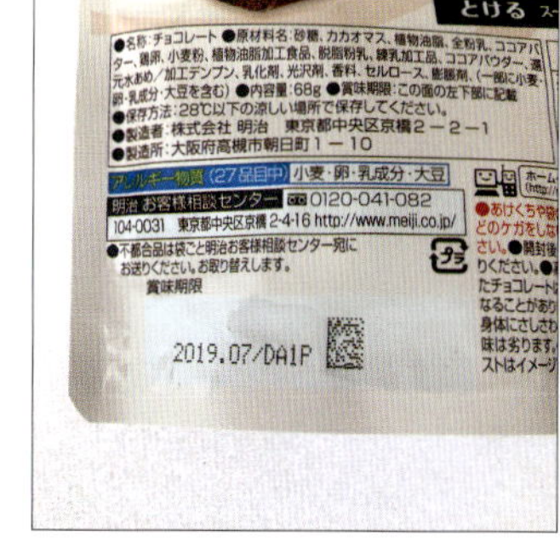

賞味期限がわかる写真

Memo 消費期限や使用期限に注意

メルカリでは、消費（賞味）期限の記載のない個包装食品の出品を禁止しています。期限がすでに切れている物はもちろん、消費期限が到着後1週間以内に切れる食品も禁止です。また、食品だけでなく、化粧品類も使用期限が切れた物は出品できません。

Section 52 身近な小物で写真のレベルをぐっと上げよう

基本的にほとんどの小物は白一色の背景で綺麗に撮れますが、少しこだわってみたいときには、小物を使ってみましょう。お金をかけなくても、ちょっとした工夫で雰囲気が大きく変わります。

小物を配置して雰囲気を作る

小物を使うことで、好印象の写真になります。100円ショップに売っているもので十分です。たとえば、100円のアクセサリースタンドにピアスをかけて写真を撮るとおしゃれに見えます。また、造花を隅の方にさりげなく置いてみるのもよいでしょう。
ただし、どこまでが商品なのかわからなくなる小物は避けましょう。後から購入者から「〇〇が入っていませんでした」とクレームが来ては大変です。あくまでも背景としての小物で、商品を目立たせることを意識して置くようにしてください。

100円ショップで購入したアクセサリースタンドと作り物の葉っぱを使って撮影

白の厚紙を活用する

撮影時に、白の厚紙があると便利です。簡易式のテーブルを壁の前に置き、白の厚紙（100円ショップで購入可）を敷きます。さらに背後と左右に厚紙を立てると小さなフォトスタジオの完成です。周囲の余計な物が入らず、写り込みを防ぐことができます。

卓上蛍光灯を使う

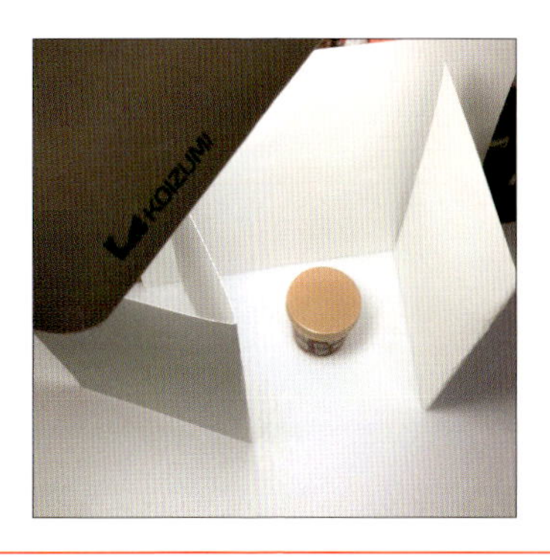

綺麗な写真を撮るには、日中の自然光で撮るのがベストですが、夜しか撮影できない場合もあるでしょう。卓上蛍光灯を使い、商品の上から照らすだけで十分です。学習机があれば蛍光灯を付けて撮影するのもよいでしょう。白い紙を調節しながら蛍光灯の光を反射させると綺麗に撮れます。

Memo **撮影ボックス**

市販の撮影ボックスもあります。 サイズが小さいと小物しか撮れないので、 最低でも40cm四方で、 収納に困らないように折りたためるものがおすすめです。

1枚の写真に複数枚の写真を入れよう

商品情報に載せられる写真は10枚までです。それ以上載せたい場合や1枚にたくさん載せたい場合は、写真編集アプリで複数の写真を1枚にします。ここでは、「LINEカメラアプリ」を使ってコラージュする方法を解説します。

LINEカメラでコラージュする

① あらかじめ複数枚の写真を撮影しておきます。「LINEカメラ」を起動します。

② <コラージュ>をタップします。

Memo LINEカメラ

LINEカメラは、LINEが提供している写真編集アプリです。写真の補正･加工やフォトフレームを付けることができ、複数枚の写真を1枚の写真にできるコラージュもできます。iPhoneの場合はApp Storeから、Androidの場合はPlayストアからダウンロードして使用できます。

3 メルカリの写真は正方形なので、縦横比を「1:1」にします。写真の枚数に応じてフレームを選択します。

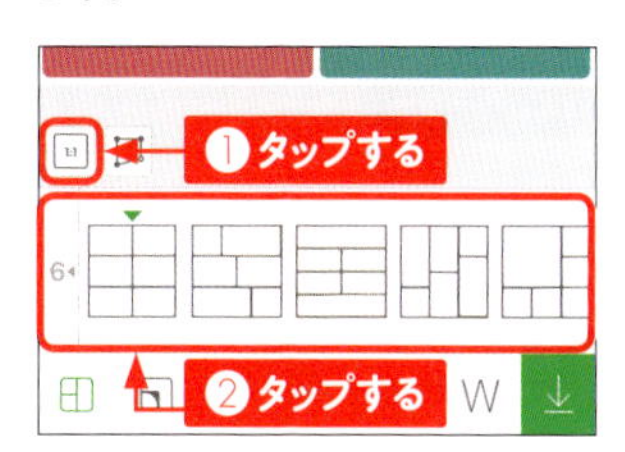

4 枠をタップして<アルバム>（Androidでは<ギャラリー>）をタップします。ここで撮影する場合は<カメラ>をタップします。

5 写真を選択し、<適用>をタップします。

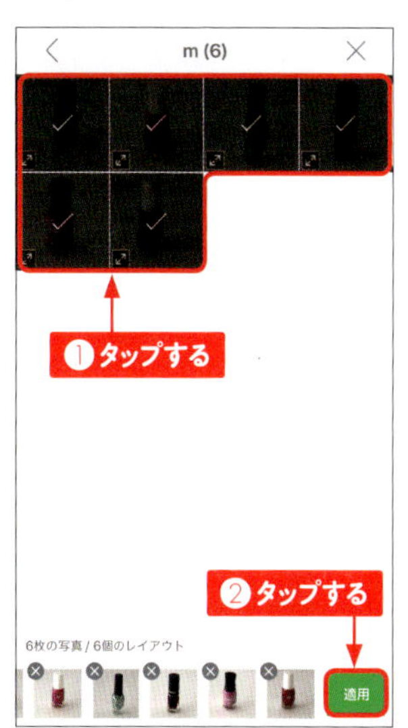

6 ドラッグで場所を移動することができます。

7 ↓をタップすると保存できます。

メルカリアプリで写真を編集しよう

撮影した写真をもう少し明るくしたいときには、メルカリアプリ内で編集することができます。ただし、過度の加工は相手を期待させてしまい、実物を見てがっかりさせてしまうこともあるので気を付けてください。

iPhoneで写真を切り抜く

1 出品画面または商品の編集画面で、写真をタップします。

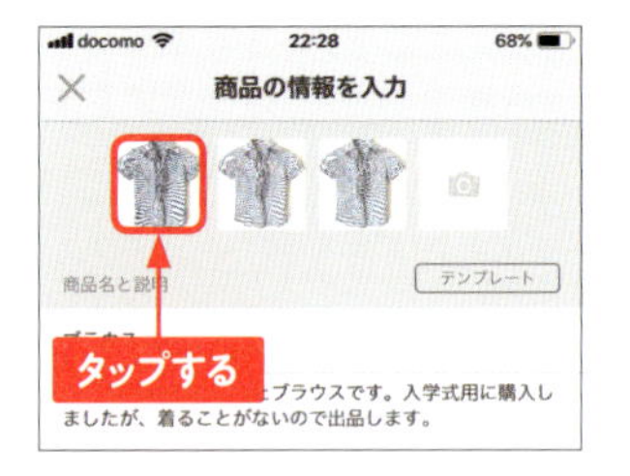

2 編集する写真をタップし、をタップします。

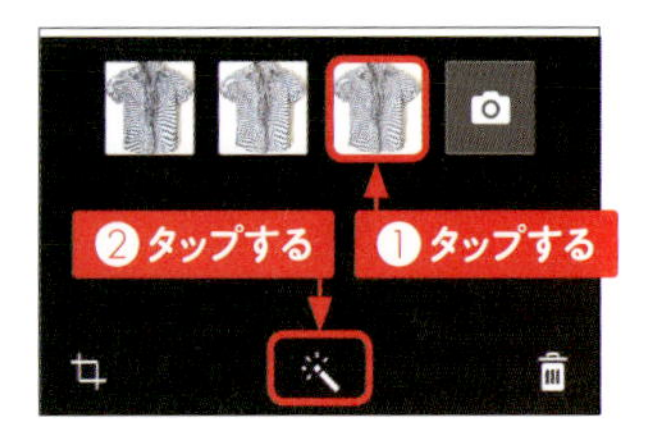

3 <切り抜き>をタップします。

4 <正方形>をタップします。周囲の○をドラッグして、アップにしたい部分のみを囲み、<適用>をタップします。

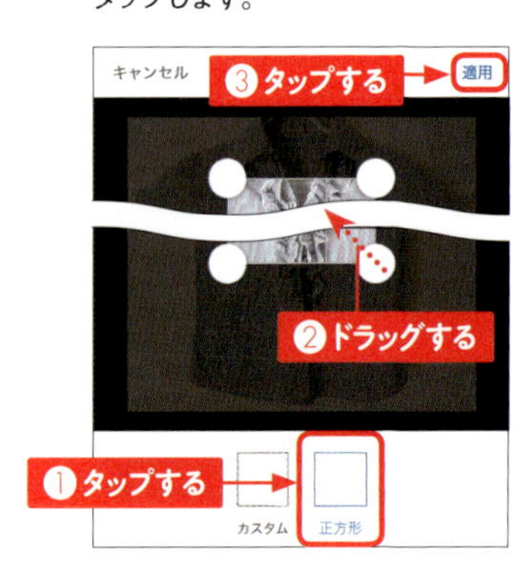

5 写真が切り抜かれ、一部分がアップの写真になります。

iPhoneで明るさを調整する

1 <調節>をタップします。

2 <明るさ>をタップし、スライダを右方向へドラッグします。同様にコントラストや彩度なども調整し、<適用>をタップします。

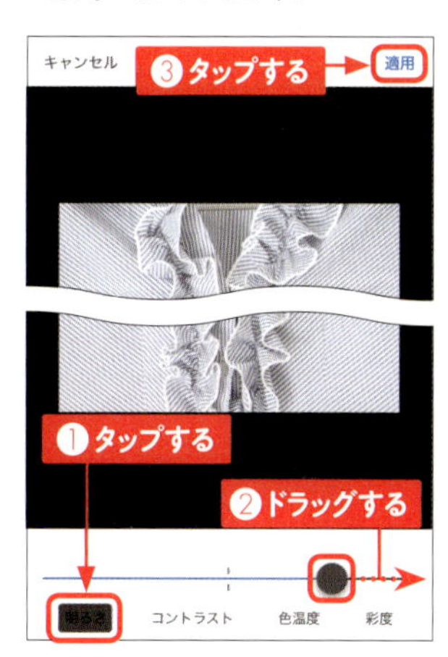

iPhoneで文字を入れる

1 <テキスト>をタップします。

2 写真の下にある○をタップして色を選択します。

3 「送料無料」や商品名、ユーザー名などの文字を入力し、<完了>をタップします。

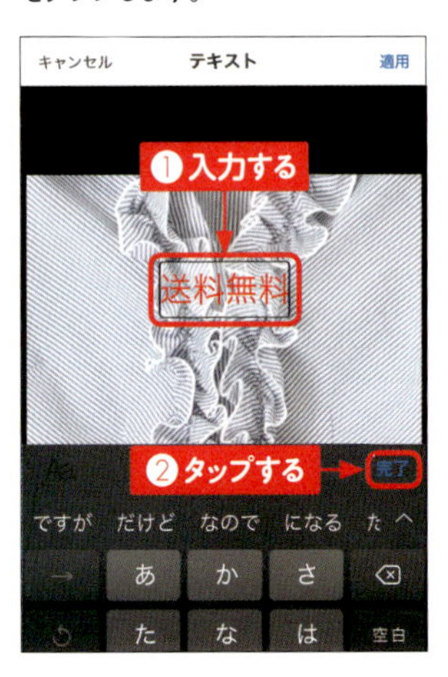

4 ドラッグで位置を移動し、<適用>をタップします。他の編集も終わったら<完了>をタップして編集画面を閉じます。

Androidで写真を編集する

1 写真をタップし、<切取>をタップします。

2 下部の<正方形>をタップし、周囲の◯をドラッグして、必要な部分のみを囲み、<適用>をタップします。

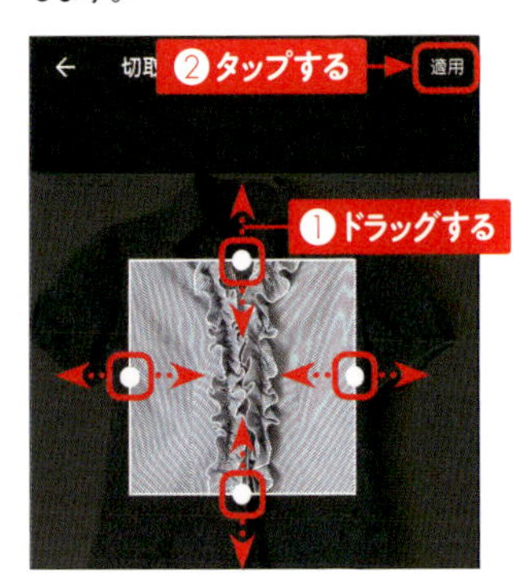

3 <加工>をタップします。

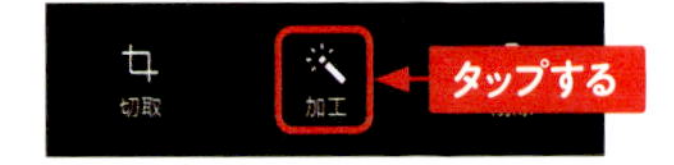

4 <テキスト>をタップします。

5 <追加>をタップします。

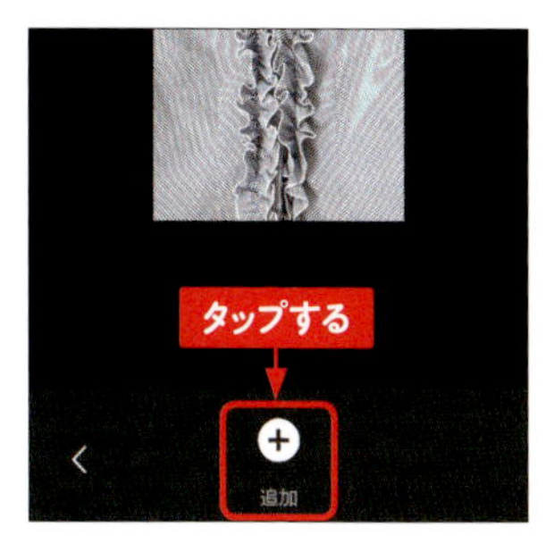

6 色を選択し、送料無料や商品名、ユーザー名などの文字を入力し、<完了>をタップします。

7 ドラッグで文字を移動させ、<適用>をタップします。

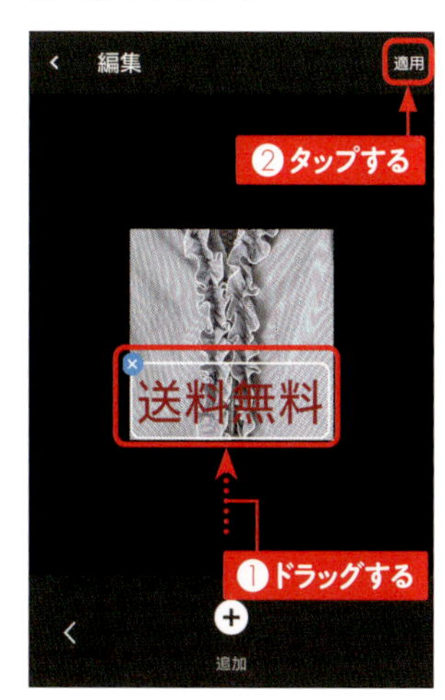

8 他の編集も終わったら<完了>をタップします。<完了>をタップして編集画面を閉じます。

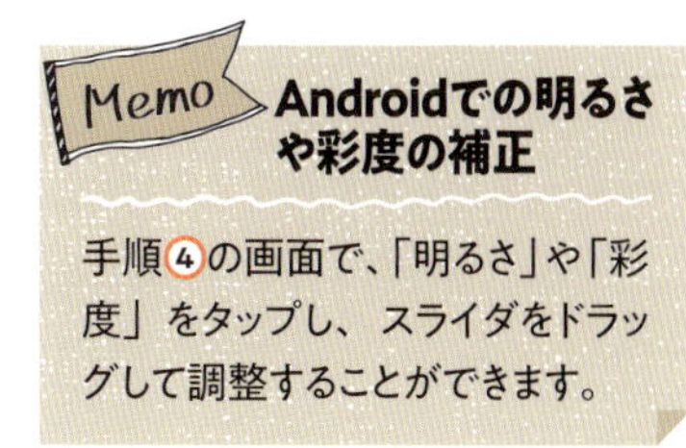

Memo **Androidでの明るさや彩度の補正**

手順4の画面で、「明るさ」や「彩度」をタップし、スライダをドラッグして調整することができます。

写真の加工に便利なアプリ

加工アプリを使う

撮影時に綺麗な写真を撮れるのが一番ですが、どうしても余計な物が写ってしまったり、シワが目立ってしまうことがあります。そのような場合は、写真加工アプリで編集しましょう。たとえば、Sec.53で紹介した「LINEカメラ」の肌をなめらかにする機能を使ってシャツのしわを目立たなくできます。
「LINEカメラ」アプリで写真を開き、→（肌）の「なめらかさ」のスライダを右方向にドラッグするか、（スキンケア）の「クマ」をタップし、シワの部分をなぞるとシワが目立ちにくくなります。

また、「Photoshop Fix」アプリを使うと、壁のシミやじゅうたんの汚れなどを消すことができます。「修復」→「スポット修復」で消したい部分をなぞります。「焦点をぼかす」をタップし、ぼかす部分をなぞると商品を目立たせることもできます。

フィルターは使わない

色彩効果を付けるフィルター機能を使うとおしゃれな写真にはなりますが、実際の商品と色味が違ってしまいクレームが付きやすいのでやめておいた方が無難です。少し素人感が残っているくらいの方が売れるので、加工しすぎないようにしましょう。

もっと売れる！
商品説明文のテクニック

買ってもらうために タイトルに入れるべき言葉

商品名の欄には最大40文字まで入力できるので、商品説明を見なくてもすぐにわかるように、ブランド名やサイズなどを入れておきましょう。ここでは、タイトルに入れると売れやすくなる言葉を紹介します。

「新品」や「美品」を入れて強調する

間違えて買ってしまった物や買ったものの使わないでしまっておいた物などは、「新品」または「美品」として出品できます。商品情報の「商品の状態」欄を見ない人もいるので、タイトルに「新品」や「美品」と入れておくとすぐに買ってもらえます。

ブランド名は必ず入れる

ブランド物は売れやすいので、ブランド名を必ずタイトルに入れましょう。ブランド名で検索して来た人が買ってくれます。特に、商品情報を設定する際、選択肢にブランド名がない場合は、タイトルに入力するようにしてください。英語でも日本語でもかまいませんが、タイトルに英語で書いた場合は、説明文には日本語で書くようにするとどちらでも検索結果に表示されます。

「送料込み」を入れる

メルカリでは、購入者が送料を負担する商品よりも、出品者が負担する商品の方が売れます。商品価格の上に小さく「送料込み」と表示されていますが、タイトルに書いてあれば目立つので買ってもらいやすいです。

サイズを入れる

衣類や靴などは、商品情報欄でサイズの設定ができますが、財布や食器、家具などは物によってサイズがまちまちです。どの程度の大きさであるかをタイトルに入れておくと、欲しいサイズを見つけやすくなります。

セットの場合は数量を入れる

複数個まとめて出品する場合は、個数を入れます。衣類の場合は「〇点セット」、本の場合は「計〇冊」と書けば、「たくさんあってお得!」という印象を与えることができます。

商品説明文は「簡潔さ」と「キーワード」が重要

写真撮影は得意でも、説明文を書くのは苦手という人もいるでしょう。特に始めたばかりの人は、何を書いたらよいかわからないのは当然のことです。ここでは、メルカリに適した説明文の書き方について紹介します。

簡潔で読みやすい文章を書く

商品説明は重要ですが、だらだらと文章を書いても読んでもらえないので、簡潔でわかりやすい文章にすることが大事です。1つの文にあれもこれも入れてしまうと、言いたいことが伝わりにくくなります。そのような場合は、文を分けるとわかりやすい文章になります。
また、空白行を入れるのもポイントです。1つのことを書いたら、空白行を入れて次のことを書くようにします。そうすると自然と読みやすい文章になります。

> クリニークの定番ファンデーション、イーブンベターグロウメークアップ 61番、2018年4月に新宿伊勢丹で5,184円（税込）で購入したのですが間違えてしまったので泣く泣く出品します。

1文が長いとわかりにくい。

> クリニークの定番ファンデーション、イーブンベターグロウメークアップ 61番です。間違えて購入したため出品します。購入時期は2018年4月で、購入場所は新宿伊勢丹です。光を反射し、ナチュラルなツヤ肌にしてくれます。定価5,184円（税込）です。

行が詰まっていると読みにくい。

> クリニークの定番ファンデーション、イーブンベターグロウメークアップ 61番です。
>
> 購入時期は2018年4月です。
>
> 購入場所は新宿伊勢丹です。
>
> 光を反射し、ナチュラルなツヤ肌にしてくれます。
>
> 定価5,184円（税込）です。

1文を短くし、空白行を入れると読みやすくなる。

キーワードを入れる

商品を探している人は、検索ボックスにキーワードを入れて検索します。探してもらいやすいように、商品名以外にもメーカー名、型番、生産国、特徴などのキーワードを入れておきましょう。

> Canonのインクジェット複合機PIXUS TS8030です。
> 買い替えのため出品します。
>
> 印刷、コピー、スキャナー、すべてこの一台で済むので、
> とても便利です。

優しい文章を心がける

メルカリでは、ビジネスで使うような堅苦しい文章より、親しみやすい文章の方が好まれます。たとえば、文末に「☆」「♪」「！」などを入れると和やかになります。顔文字でもよいのですが、誠実さに欠けると思う人もいるようなので、多用は避けた方が無難です。

> マニキュア 6本まとめて出品します♪
>
> ピンク ORLY
> 紫 ORLY
> ピンク ORLY
> 赤 pa
> カラフル CLOSET
> 薄い赤 インテグレート
>
> インテグレートは、血豆ネイルと呼ばれ、血色の良い爪になります☆
>
> わからないことがあれば何でも質問してくださいね(*^o^*)

Memo 記号の入力方法

記号は、日本語で入力すると変換候補として表示されます。たとえば、「★」は「ほし」、「♪」は「おんぷ」と入力すると候補表示されるのでタップして入力できます。

説明文に必ず書いておきたい5つのポイント

ここでは、説明欄に書いておくべき内容を紹介します。なかでも出品理由は欠かすことはできません。理由がないと、何か問題があるから出品したのだと思われてしまうので必ず書いておきましょう。

 出品理由

出品理由が記載されていないと「不具合があるのではないか」「怪しいところから買ったのではないか」と不安にさせてしまいます。「買い替えのため」「間違えて購入したので」「卒業したので」「読み終わったので」など、正直に理由を記載した方が買ってもらえます。

> Canonのインクジェット複合機 PIXUS TS8030です。
>
> とても使いやすかったのですが、今回買い替えることにしたので出品します。
>
> 印刷、コピー、スキャナー、すべてこの一台で済むので、とても便利です。

 商品の状態

どの程度の傷や汚れなのかがわからない商品は敬遠されるので、隠さずに書きましょう。小さな傷や見えない部分の傷は「多少の傷がありますが使用には問題ありません」「裏側の普段見えない部分に傷があります」のように記載すれば気にすることなく買ってもらえます。

> ピンク ORLY→ 2回使用
> 紫 ORLY → 3回使用
> ピンク ORLY → 5回位使用
> 赤 pa → 未使用
> カラフル CLOSET → 3回使用
> 薄い赤 インテグレート → 10回位使用
>
> paの赤のみ未使用です。
> インテグレートは、蓋の部分に3ミリ程度の傷があります。

購入時期と場所

メルカリには古い物も出品されているので、購入時期が気になる人は多いです。特に、食品やコスメ、試験問題集、冠婚葬祭用品などには質問が来るので、聞かれる前に記載しておきましょう。月だけでは何年前に購入したのかわからないので、年まで書いてください。また、どこで購入したかも聞かれることがあるので、場所と店舗名を書くと確実です。

クリニークの定番ファンデーション、イーブンベターグロウメークアップ 61番です。

購入時期は2018年4月です。

購入場所は新宿伊勢丹です。

定価

メルカリ利用者は、定価を超える物には手を出しません。商品説明欄に定価の記載があれば、再度調べなくてもわかるので、迷わずにそのまま購入してくれる可能性があります。

購入場所は新宿伊勢丹です。

光を反射し、ナチュラルなツヤ肌にしてくれます。

定価5,184円（税込）です。

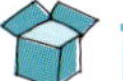

商品の性質や特徴

写真を載せてもすべてが伝わる訳ではないので、商品の素材、色、模様、サイズを詳しく記載しておきましょう。また、付属品がある商品は有無を記載します。

【サイズ】 80cm （身丈43cm 袖丈13cm 素人採寸のため若干の誤差はご了承ください）
【素材】綿100%
【商品の特徴】かわいいカニの絵柄で、涼しげで夏にぴったりの肌着です。手触りもさらっとしていて、汗を吸収しそうです。

Memo コスメ・香水の商品説明

メルカリでは、化粧品や香水の場合、タイトルに「メーカー名」「ブランド名」「商品名」の記載、商品説明欄に「購入時期・開封時期」「使用期限・消費期限」「容量（残量）」「使用方法・使用用途」「その他特筆すべき事項」の記載を推奨しています。使用期限がわからない場合は省略してもよいでしょう。

Section 58 サイズや素材はできるだけ詳しく記載しよう

サイズや素材の詳細を記載しておけば、見た人は質問をしなくても自分に合うかどうかがわかります。商品を紹介するつもりで記載しましょう。特にハンドメイドの商品は、既製品のようにネットで調べることができないので詳しく書いてください。

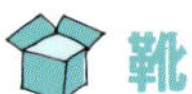

靴

お店の靴もそうですが、実際に履いてみないと履き心地がわかりません。表記サイズとずれている場合は、その旨を記載します。また、「EE」や「EEE」などの足囲の記載もあれば、足の横幅に特徴がある人が買いやすくなります。見た目が本革に見えても合成皮革の場合があるので素材も記載しておきましょう。防水加工が施されている靴は、その旨を記載すると売れやすくなります。

衣類

表記サイズよりも大きいまたは小さい場合は、表記サイズと実寸サイズを記載し、「小さめなのでLサイズの人にちょうどよいです」「アメリカンサイズなので大きめです」などを補足します。また、ベビー服は、赤ちゃんの肌に優しい素材が好まれるので、「綿100%」「オーガニックコットン」であればぜひ記載しましょう。

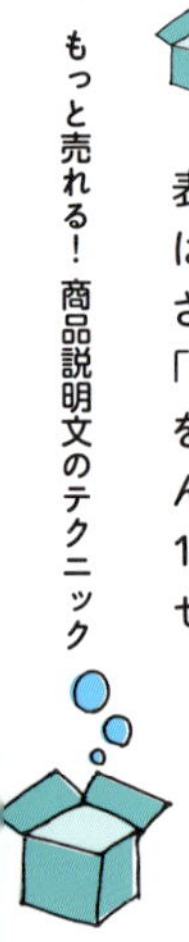

アクセサリー

イヤリングやピアス、指輪などは、サイズによって見た目が変ってきます。面倒でも測って記載しましょう。また、天然石か否かを記載します。不明の場合は「不明です」と正直に書いてください。ピアスは、金属アレルギーの人のためにポスト部分の素材も記載しましょう。

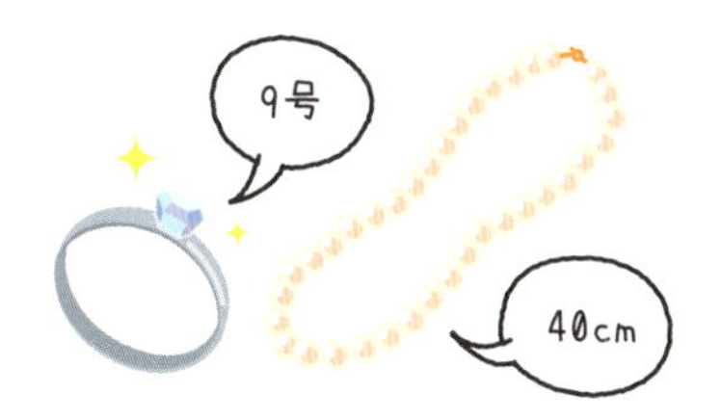

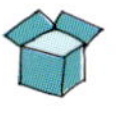

財布やバッグ

財布やバッグは、サイズがまちまちです。大きいバッグが欲しいのに、届いたら小さかったというのでは購入者はがっかりします。また本革のハンドバッグだと思っていたら、合成皮革だったということもあるので、サイズと素材を忘れずに記載しましょう。

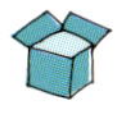

食器類

お皿やグラスなども物によってサイズが異なるので、大きさを測って記載しておきます。陶磁器は、「美濃焼」「有田焼」などの有名な産地であれば記載すると売れやすいです。

その他

ダイニングテーブルやベッドなどの大型家具は、サイズがわからないと部屋のスペースを確保できません。「せっかく届いたのに部屋に置けなかった」ということがないように、サイズを記載しましょう。冷蔵庫や洗濯機などの大型家電も同様です。テーブルは天然木か否かを記載します。

ハッシュタグを使って多くの人に商品を見てもらおう

Sec.11では、ハッシュタグで検索する方法を紹介しましたが、ここでは出品者がハッシュタグを設定する方法を説明します。ただし、検索結果に表示させるために何個も並べることは禁止されているので、最小限にしておきましょう。

ハッシュタグを設定する

① 商品説明の入力欄で半角の「#」を入力し、続けてキーワードを入力します。複数入力する場合は、次の行にするか半角スペースを入れてから入力します。

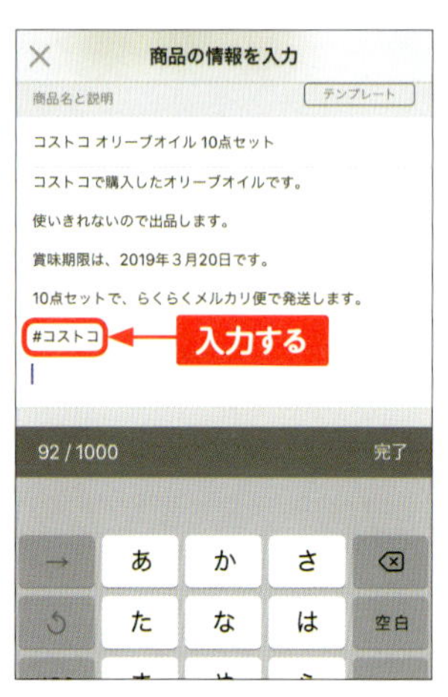

② 出品が完了すると青色の文字になります。タグをタップするとそのタグが付いている商品一覧が表示されます。

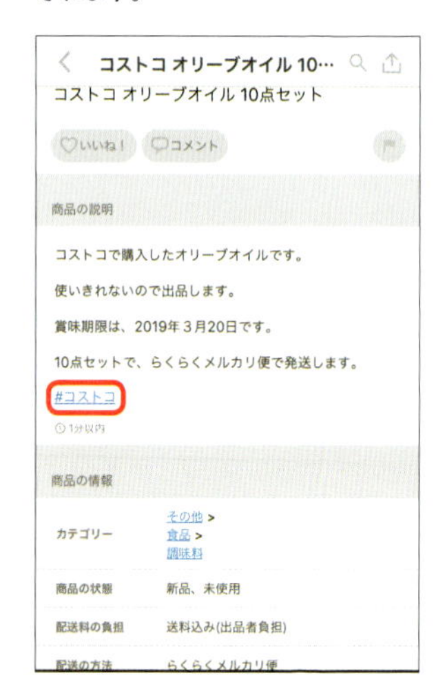

ハッシュタグ

たとえば、「ドラゴンクエスト」「ドラクエ」「DQ」のように、いろいろな呼び方があればそれぞれハッシュタグで入れてみましょう。ただし、検索用キーワードの羅列は禁止されているので、ハッシュタグもたくさん入力すると規約違反となります。また、商品と関係のないタグを入力することも違反なので気を付けましょう。

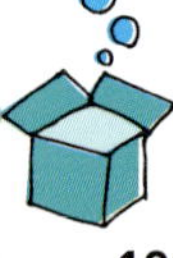

箇条書きや記号を使って商品説明を見やすくしよう

商品説明欄に書くことが多い場合、長い文章よりも、項目ごとに箇条書きでまとめた方が見やすくなります。たとえば、購入場所を知りたい場合に、長い文章から購入場所を探すのは大変ですが、箇条書きなら購入場所の項目を見るだけです。

箇条書きを使う

箇条書きとは、項目を並べたものです。商品説明に箇条書きを使うと一段と見やすくなります。「ブランド名はコムサイズムで、サイズはL、購入場所は新宿伊勢丹です。」といった一文にするより、「ブランド名」「サイズ」「購入場所」と箇条書きにすると、知りたい情報をひと目で把握してもらえます。箇条書きの各項目は、先頭に「●」や「★」を入れたり、「【】」で囲んだりして区別できるようにします。

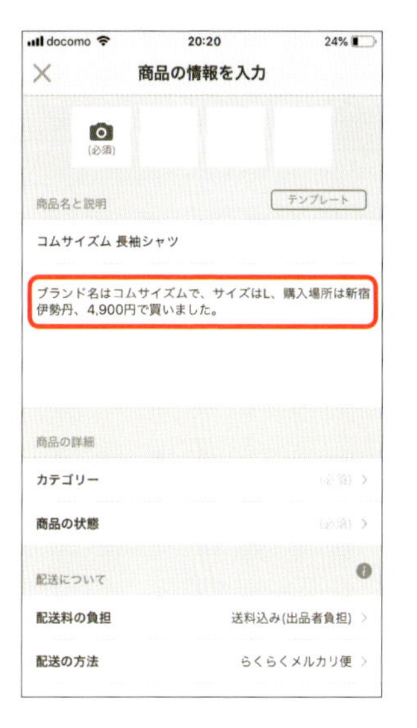

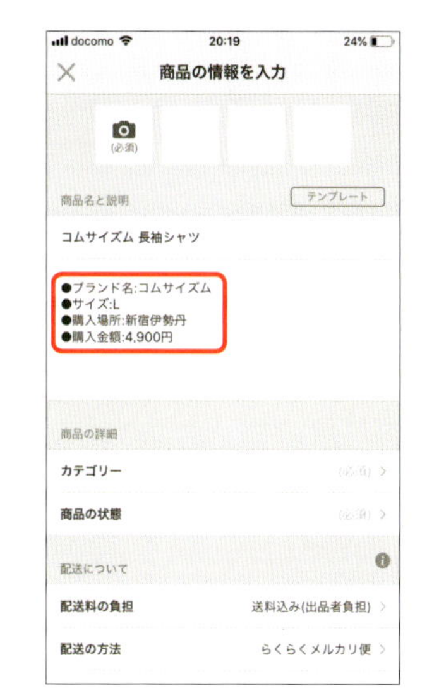

ちょっとした一言でライバル商品と差を付けよう

同じ値段帯の同じ商品が並んでいると、評価のよい人や誠実そうな人の出品商品から売れていきます。商品説明欄の文章に一言加えるだけでも印象がよくなるので、ライバルと差をつけるためにも工夫してみましょう。

手入れ方法を紹介する

説明欄に手入れ方法を記載しておけば、購入者は大事に使ってくれます。たとえば、アクセサリーの場合は、「汗で変色する場合があります。汚れたら中性洗剤で優しく洗い、よく乾燥させてください。」などと記載します。
財布やバッグ、靴などの革製品も、手入れ方法を知らない人もいるので、一口メモのように載せておくと「なるほど」と思ってもらえます。

花形のネックレスです。

店頭で見たとき、キラキラ光っていたので一目惚れして買いました。

パープルのお花がとても可愛いです。

■ 購入時期：2018年3月
■ 購入場所：〇〇ショップ
■ 購入価格：1,500円
■ 手入れ方法：汚れたら中性洗剤で優しく洗い、よく乾燥させてください。

素材: 牛革
色: ダークブラウン
札入れ: ×2
カードポケット: ×6
小銭入れ: ×1
ポケット: ×3

～手入れ方法～
定期的に皮用クリームを塗ると長持ちします。自分は〇〇〇メーカーの〇〇クリームを使っていました。

植物の場合も、育て方を記載すれば、育ててみようかなと思って買ってもらえるかもしれません。

～育て方～
・商品が到着したら、水はけのよい土に植えてください。

・湿気が苦手なので、お水をあげすぎないように注意してください。

・暖かい場所を好みます。ただし、夏は半日陰の風通しの良い場所に置いてください。

・冬は、気温が10°C以下になると枯れやすいので、室内に移動した方がよいです。

着心地や使い心地でリアル感を出す

写真や素材の説明だけでは、実際に着用したときにどんな感じなのかわかりません。たとえば、スキニーパンツの場合、「ストレッチがきいているので楽にはけますし、体形が綺麗に見えます」と書けば、迷っていた人が買ってくれるかもしれません。財布の場合は、「カードがたくさん入って使い勝手がよいです」など、自分が気に入っていた点を書くとリアル感が出ます。

スキニー デニム ジーンズ
○○○のスキニーパンツです。似たようなパンツを先日購入したので出品します。 ストレッチがきいているので楽にはけますし、体形が綺麗に見えます ●サイズ：M ●素材：綿98% ポリウレタン2% ラベル部分牛革 ●状態：裾が3cmほどすれています。

買った時の印象を書いて共感してもらう

買った時の印象を書けば、共感する人がいるかもしれません。「店頭で見たとき、このネックレスだけキラキラ光っていたので迷わず買いました」「ハイビスカスがかわいいサンダルだったので一目ぼれして買いました」など、当時の気持ちを思い出して書いてみましょう。

補足事項を書く

その他、補足しておきたいことを記載しておきます。「素人採寸のため若干の誤差はご了承ください」「犬や猫などのペットは飼っていません」「喫煙者はいません」「丁寧に梱包して発送します」「わからないことがあったら何でも質問してください」などを記載しておくことで、トラブルを防げるだけでなく、誠実さが伝わり買ってもらいやすくなります。

【商品の特徴】かわいいカニの絵柄で、涼しげで夏にぴったりの肌着です。手触りもさらっとしていて、汗を吸収しそうです。 【商品の状態】写真3枚目のように、目立たないシミが数か所にあります。 【その他】 素人の検品なので、見落としている場合があります。 子供に手がかかるため、対応が遅くなることがあります。 犬や猫などのペット、喫煙者はいません。 わからないことがあったら何でも質問してください。

トラブルを避けるために注意事項は明記しよう

商品の説明が足りないばかりに、受け取った後にクレームが来ることが実際にあります。また、悪い評価を付けられることもあります。後でトラブルにならないように、はじめから説明欄に記載しておきましょう。

中古品であることを記載する

自分は美品だと思っても、他人にはそう見えないこともあります。目立たない程度の傷も、他人には目立って見えるかもしれません。セーターやコートの小さな毛玉が気になる人もいるようです。クレームが心配なら、「中古品であることをご理解の上、購入してください」「自宅保管であることをご了承ください」と記載しておきましょう。

メルカリ初心者の場合

メルカリを始めたばかりの人は、取引がスムーズにいかないのは仕方のないことです。一方で、コメントの返信や発送が遅いとイライラする人もいるようです。説明欄に「メルカリを始めたばかりで不慣れな点がありますが、宜しくお願いします」と記載しておけば、理解してもらえるはずです。

パープルのお花がとても可愛いです。

■ 購入時期 2018年3月
■ 購入場所 ○○ショップ
■ 購入価格 1,500円
■ 手入れ方法 汚れたら中性洗剤で優しく洗い、よく乾燥させてください。
■ その他 メルカリを始めたばかりで不慣れな点がありますが、宜しくお願いします。

見落としがあるかもしれない場合

子供服のシミや問題集の書き込みなどが意外なところに残っていることがあります。評価欄に、「美品だと思ったのに、シミがありました」「書き込みがありました」と書かれてしまうことがあるので、「素人の検品なので見落としている場合があります」「一通り確認しましたが、見落としがあるかもしれません」と記載しておきましょう。

対応が遅れる場合

仕事や家事が忙しい人は、こまめに対応するのは大変です。すぐに対応できない人は「日中は仕事をしているため、お返事が遅れることがあります」「2歳児の娘がいるため、発送は火曜と金曜のみとなります」など、取引の対応について記載してきましょう。

写真と異なる状態で送る場合

シワが写っていないシャツなのに、送料を安くしようと小さく折りたたんで送ったためにシワができてしまい、「届いたシャツはシワシワでした」と言われることがあります。そのようなトラブルにならないように、「折りたたんで発送するため、多少のシワが付きますがご了承ください」と記載しておきましょう。

実際の色味の違いを書く

たとえばコートやブレザーなどは、写真では黒に見えても実際には茶色や紺色に近いことがあります。「写真では黒に見えるかもしれませんが、どちらかというと茶色に近いです」などと書いておけば、クレームは来ません。植物の場合は、「写真は○月○日に撮影したものです。お手元に届くまでに色やサイズが変化する場合があります」と記載しておきます。

●サイズ：Mサイズ 身丈72・袖丈60・肩幅38
●素材：表地ナイロン100%、詰め物ダウン90%フェザー10%、裏地ナイロン100%
●商品の特徴：ハーフ丈なので、どんなボトムにも合います。
●商品の状態：少しダウンが減ったような気がしますが、まだまだ着られると思います。
●その他、注意事項：写真ではわかりにくいかもしれませんが、茶色に近いコートです。

テンプレートを使ってみよう

商品説明文の入力が面倒な場合はテンプレートを使う手があります。メルカリで用意しているのは一部の商品例ですが、書き換えて利用するとよいでしょう。また、自分で作成した説明文を登録しておいて後で使うこともできます。

テンプレートを使用する

① 商品情報入力画面の<テンプレート>をタップします。

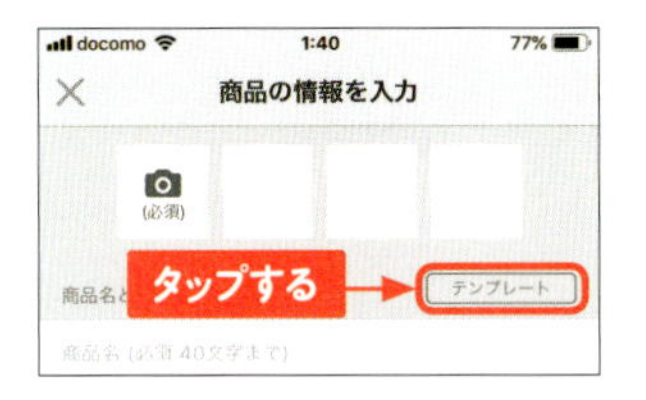

② 例文をタップします。すべての文章を確認する場合は<全文を表示する>をタップします。

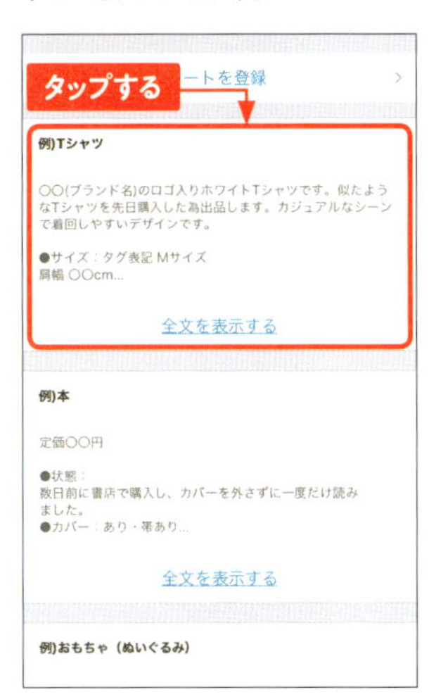

③ 例文が入力されるので、〇の部分に文字を入れるなどして、修正します。

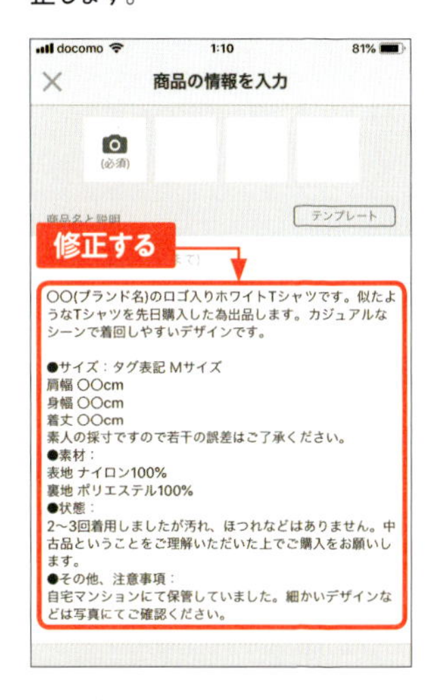

Memo テンプレート

説明文を考えるのが面倒だったり、入力を簡単にしたい人のためのサンプル文のことです。いつも使う文章をテンプレートとして登録しておくこともできます。

テンプレートとして登録する

1 <テンプレート>をタップします。

2 <新しいテンプレートを登録>をタップします。

3 テンプレート名としてわかりやすい名前を入力します。

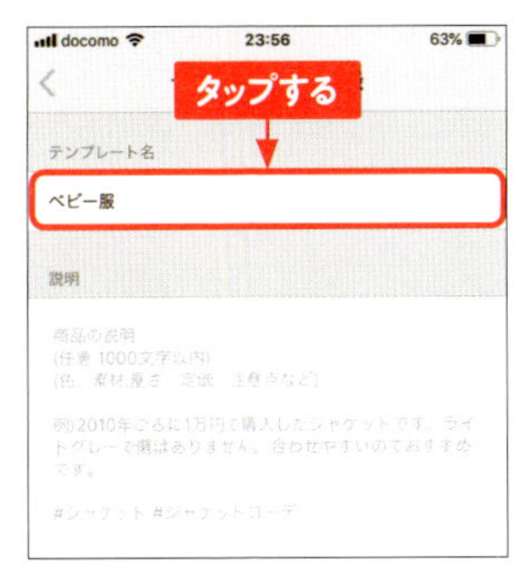

4 説明文を入力し、<登録する>をタップします。

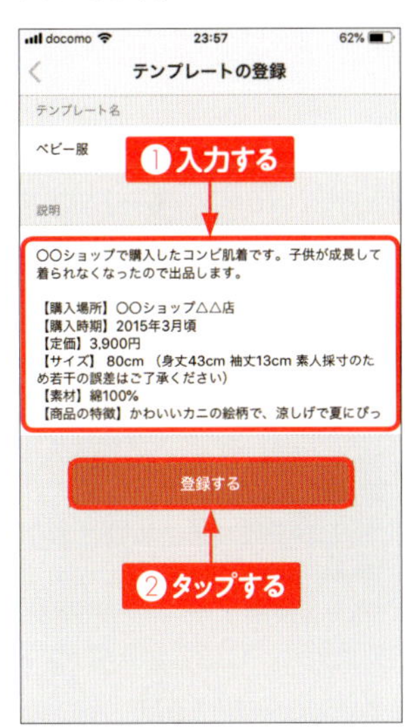

5 テンプレートを作成しました。次回からはタップして使用できます。

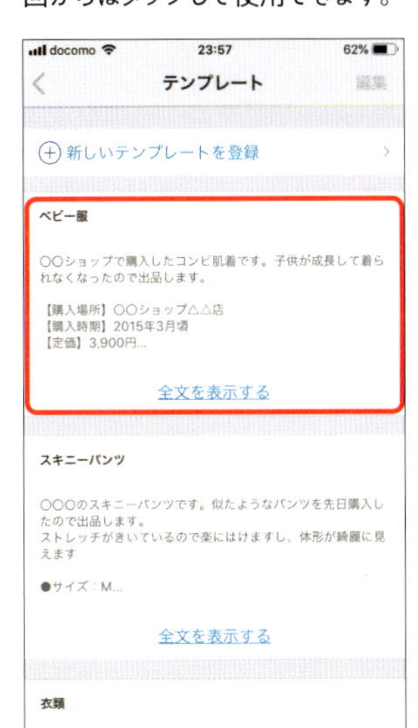

商品説明の例文

ここでは、コスメやベビー服などの説明文のサンプルを紹介します。メルカリで用意されているテンプレートで足りない場合は参考にしてください。Sec.63の方法でテンプレートとして登録しておけば、次回以降は時間をかけずに出品できます。

コスメの例文

・購入場所：○○ショップ△△店
・購入・開封時期：2018年3月頃
・定価：2,800円
・商品の特徴：光の加減で影ができ、立体的な目元になります。
・容量：1回使用しただけなので、ほとんど減っていません。
・商品の状態：ケースの右端に小さな傷が1つあります。
・使用方法：1）3Dツヤベースをまぶた全体と下まぶたにのせます。2）シェードカラーを目尻からアイホールにむかってのせます。3）ツヤカラーをまぶたの中央から目頭に向かってのせます。4）ディープカラーを目の際に入れます。
・その他、注意事項：ブラシが汚れたときは洗わず、ティッシュペーパーなどで汚れをふき取ります。中古品であることをご理解の上、購入してください。

コートの例文

・購入場所：○○ショップ△△店
・購入時期：2017年10月頃
・定価：5,900円
・サイズ：Mサイズ 身丈72・袖丈60・肩幅38cm
・素材：表地ナイロン100%、詰め物ダウン90%フェザー10%、裏地ナイロン100%
・商品の特徴：ハーフ丈なので、どんなボトムにも合います。
・商品の状態：少し毛玉がありますが、まだまだ着られると思います。
・その他、注意事項：写真ではわかりにくいかもしれませんが、茶色に近いコートです。中古品であることをご理解の上、購入してください。

ベビー服の例文

・購入場所：〇〇ショップ△△店
・購入時期：2015年3月頃
・定価：3,900円
・サイズ：80cm
・素材：綿100%
・商品の特徴：かわいいカニの絵柄です。涼しげで夏にぴったりの肌着です。
・商品の状態：写真3枚目のように、目立たないシミが数か所にあります。
・その他、注意事項：子供に手がかかるため、対応が遅くなる場合がありますがご了承ください。犬や猫などのペット、喫煙者はいません。素人の検品なので見落としがあるかもしれません。

財布の例文

・購入場所：グッチ〇〇店
・購入時期：2010年5月頃
・定価：55,000円
・サイズ：縦10×横12×マチ3.5cm（素人採寸のため若干の誤差はご了承ください）
・素材：本革
・商品の特徴：紙幣入れ1、コインポケット1　カードスロット10 イタリア製です。
・商品の状態：写真3枚目のように表面の3か所に傷があります。
・お手入れ方法：定期的に革用クリームを塗ると長持ちします。
・その他、注意事項：外箱は捨ててしまったのでありません。代わりの箱に入れて、ゆうゆうメルカリ便で発送します。

スマホの例文

・購入場所：ドコモ〇〇店
・購入時期：2017年12月
・定価：78,000円（税別）
・サイズ：縦138.4×横67.3×厚さ7.3mm ディスプレイ4.7インチ
・色：シルバー
・商品の状態：写真3枚目のように背面左下に1cm程度の傷がありますが、動作には問題ありません。SIMロックは解除し、データを初期化しています。分割代金は完済しています。水没したことはありません。
・付属品：イヤフォン、ヘッドフォンジャックアダプタ、USBケーブル、USB電源アダプタ、マニュアル、外箱。購入時の付属品すべてです。
・IMEI：123456789123456
・その他、注意事項：購入時の箱に入れてから緩衝材で包み、補償のある「らくらくメルカリ便」で発送します。中古品であることをご理解の上、購入してください。

メルカリで効果的な「キラーワード」はこれ!

なんとしても売りたいと思ったときには、「安さ」と「希少価値」を意識したキーワードを入れると注目されやすくなります。それぞれのキーワードには、「★」や「!」を付けたり「【】」で囲むとより効果的です。

安さ

「値下げ!」「セール!」「激安!」を使うと、安さを強調し、お得感が出ます。

限定

「限定」「タイムサービス」「コラボ」「おまけ付き」なども注目されます。

希少価値

「レアもの」「入手困難」「非売品」を使うと、希少価値が高まり、「今すぐにでも買わなければ・・・」という購買意欲を高めます。

スムーズに取引するためのテクニック

質問にはできるだけ丁寧に答えよう

商品を出品すると、いろいろな質問が来ますが、できるだけ早く丁寧に答えるようにしましょう。要望を断る場合は、相手が不快に思わないように答えるとトラブルになりません。ここでは、よくある質問の答え方を紹介するので参考にしてください。

質問と返信の例

購入を考えているのですが、値下げしてもらえますか？

○円に値下げできますが、いかがでしょうか？

申し訳ありませんが、出品したばかりなので値下げは考えていません

一緒に他の商品も買いたいのですが、安くしてもらえますか？

セットの商品を作りますので、ご希望の商品を教えてください

申し訳ありませんが、こちらは単品のみの販売です

送料無料にしてもらえますか？

送料込みの場合、商品価格が○円になりますが大丈夫でしょうか？

申し訳ありませんが、こちらは着払いのみの販売となります

今お金がないので支払いを待ってもらえますか？

後払いができる「メルカリ月イチ払い」という支払方法があるので検討してみてください

内側を見せてもらえますか？

写真4枚目に載せましたので、ご確認お願いします

土曜日までに欲しいのですが間に合いますか？

らくらくメルカリ便で○日の午前中に○○県のファミリーマートに持ち込みます。配送に遅延がなければ翌日に届きますが、遠方の場合は2日かかる場合があります

発送が金曜日の夕方以降になるので、土曜日には間に合わないと思います

実家の住所に送ってもらえませんか？

購入画面で、「配送先」をタップし、「新しい住所を登録」をタップして、ご実家の住所を入力してください

手渡しは可能ですか？

取りに来ていただければ可能です

申し訳ありませんが、手渡しはできません。配送のみとなります

Memo 迅速、丁寧を心がける

商品を買いたいと思った人達からいろいろな質問が来ます。今すぐ欲しいと思っている人もいるので、なるべく早く答えてあげましょう。その際、対応が不愛想だと買うのを止めてしまうこともあるので、丁寧に答えてください。また、よく来る質問については、あらかじめ商品説明欄に記載しておくとよいでしょう。

発送日の目安や発送方法はあらかじめ書いておこう

急に必要になった物をメルカリで探している人もいます。そのような人のためにも、発送日の目安と発送方法について書いておきましょう。土日の発送ができない場合はその旨も記載しておくと親切です。

発送日と発送方法を記載してトラブルを防ぐ

購入した人の中には、早く商品を受け取りたいと思っている人がいます。中には、「届くのが遅い」と催促のメッセージを送ってくる人もいます。発送方法によって届くまでの日数が異なり、ヤマトのらくらくメリカリ便は翌日に届くことがありますが、普通郵便やゆうメールなどは2、3日かかることがあるので、あらかじめ商品説明欄に発送日の目安と発送方法を記載しておきましょう。そうすれば、購入者はいつ頃届くのかがわかり、すぐに欲しい人は時間がかかりそうな商品は購入しません。なお、コンビニに持ち込む場合は、ヤマトや郵便局の集荷のタイミングによっては1日遅れる場合があることを覚えておきましょう。

商品名と説明　テンプレート

ダウンジャケット

〇〇ショップで購入したダウンコートです。昨年購入したのですが、飽きてしまったので出品します。

●購入場所：〇〇ショップ△△店
●購入時期：2017年10月頃
●定価：5,900
●サイズ：Mサイズ 身丈72・袖丈60・肩幅38
●素材：表地ナイロン100%、詰め物ダウン90%フェザー10%、裏地ナイロン100%
●商品の特徴：ハーフ丈なので、どんなボトムにも合います。
●商品の状態：少しダウンが減ったような気がしますが、まだまだ着られると思います。
●その他、注意事項：写真ではわかりにくいかもしれませんが、茶色に近いコートです。

＊購入後2日以内に、らくらくメルカリ便にて東京都から発送します。

発送の方法と日にちの目安を記載しましょう。

メッセージカードを付けると印象アップ!

商品の送り方ひとつでも、その人の性格が現れます。メッセージカードを付けている人は、商品の扱いが丁寧で誠実な人が多いです。気持ちのよい取引をするために、メッセージカードを添えてみるのもよいでしょう。

メッセージカードを用意する

メッセージカードは必須ではありませんが、付いていると誠実な人として良い評価を付けてもらいやすいです。実際に、評価が高い人の商品を購入すると、メッセージカードが付いているケースが多く見られるので評価を上げたい場合はカードを付けてみるとよいでしょう。

メモ用紙に、「この度はご購入いただきありがとうございました」「またの機会がありましたら宜しくお願いします」などと手書きします。そのまま袋に入れてもよいですし、マスキングテープで周囲を貼り付けるとおしゃれです。手書きが苦手な人は、Wordなどの文書作成アプリを使って作りましょう。まとめて印刷しておけば、毎回カードを作る手間を省けます。

メモ用紙に手書きでメッセージを書いてマスキングテープで貼り付けましょう。

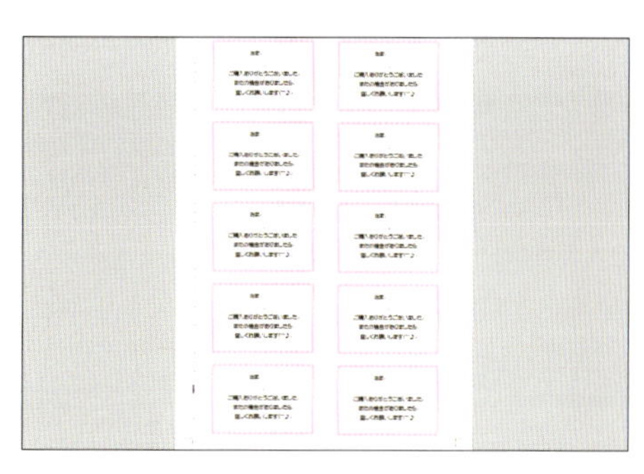

パソコンのWordで作成し印刷したものを同封してもよいでしょう。

値下げ交渉・取り置き交渉への対応の仕方

メルカリでは値下げ交渉は禁止されていないので、値下げのお願いが来ますが、値下げするかどうかは出品者次第です。ここでは、値下げの対応について紹介します。また、「インテリア・住まい・小物」などのオファー機能についても説明します。

値下げ交渉をされたとき

値下げできない場合は、「申し訳ありませんが、値下げは考えていません」と断ってかまいません。
値下げできる場合は、商品価格を変更します。どの程度下げるかは自由ですが、元値の1割程度、複数購入の場合は送料分を下げるケースが多いです。
値下げするときに、タイトルを「○○様専用」とする方法がありますが、メルカリが認めていない独自ルールなのでトラブルにならないように気を付けてください。別の方法としては、コメント欄で「○円に値下げできます。価格を変更しますのでご購入ください。ただし、早い者勝ちなので他の人が購入する場合があるのでご了承ください」と伝えます。Sec.35を参考にして商品価格を変更し、購入を待ってください。

Memo 取り置きを頼まれたとき

メルカリでは、最初に購入した人と取り引きすることになっています。取り置きによってトラブルが生じてもメルカリはサポートしてくれないので、取り置きをお願いされたら「申し訳ありませんが、お取り置きはできません」と断ってかまいません。

オファー機能を使う

1 購入者がオファーの金額を提示すると、「やることリスト」に表示されるのでタップして開きます。

2 購入者が設定した額で売る場合は<オファーの価格で売る>をタップします。その金額で売らない場合は<今回は見合わせる>をタップします。

3 購入者が購入するのを待ちます。

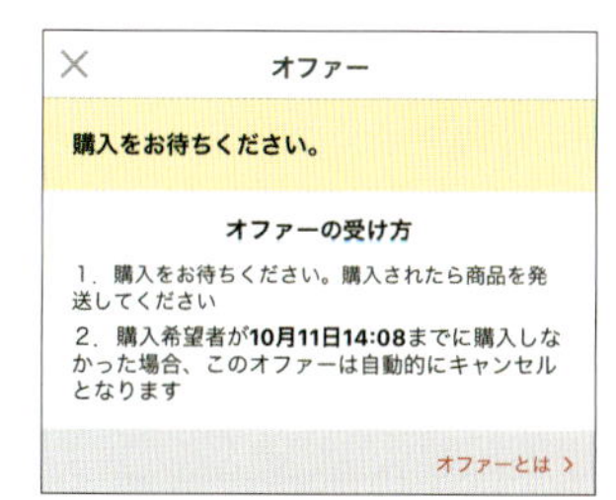

オファー機能

「インテリア・住まい・小物」「家電・スマホ・カメラ」「スポーツ・レジャー」カテゴリーにある商品では、オファー機能を使うことができます（執筆時点2018年12月）。希望価格（元値の80%以上の価格）を設定し、出品者が24時間以内に承諾した場合、その価格で購入できる機能です。承諾されなかった場合は、自動的にキャンセルとなります。購入者は商品の画面で<オファーする>をタップして申し込みます。

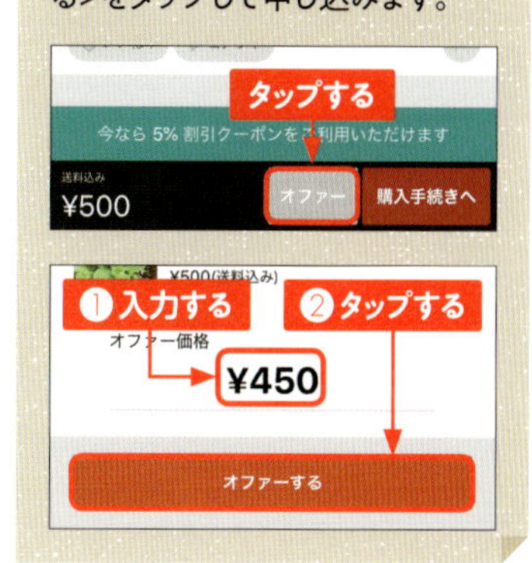

Section 69 商品別おすすめ梱包方法

商品の梱包は面倒に思うかもしれませんが、食器や精密機器などは輸送中に壊れないようにするために丁寧に梱包することが重要となります。ここでは、割れやすい物の梱包方法と各商品の梱包方法について説明します。

割れやすい物、壊れやすい物の梱包

食器などは、プチプチ・緩衝材で包み、宅急便コンパクトの専用BOXに入れます。隙間はプチプチ・緩衝材か紙で埋めて固定させます。

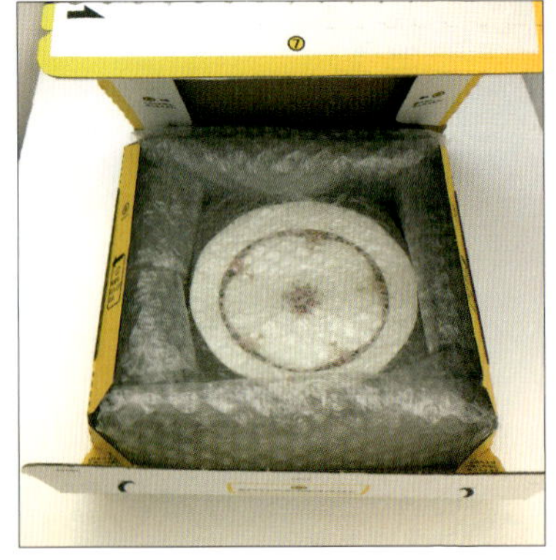

Memo メルカリストア

ホーム画面で「ストア」タブを表示させると、メルカリストアが表示されます。メルカリが販売している商品で、クッションや封筒、プチプチ・緩衝材などが売られています。ポイントで購入することも可能です。

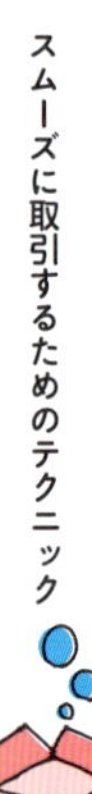

商品別梱包方法

衣類

綺麗に折りたたんで、OPP袋（Sec.70参照）に入れてから、封筒やビニール袋に入れて送ります。複数枚で厚みがある場合は封筒に入らないので、大きめの紙袋に入れます。

コスメ

割れやすいものが多いので、プチプチ・緩衝材で包んでから封筒に入れると安心です。マスキングテープやシールで止めるなど女性らしさを少し入れると好印象になります。

アクセサリー

衛生的に見えるように透明の袋に入れましょう。ネックレスは画用紙に切れ目を入れて固定したり、ピアスは紙に針で穴を開けて差し込んで固定したりすると、からまることがありません。

本、CD、DVD

雨がしみ込まないようにOPP袋に入れてから封筒に入れます。冊数が多い場合は段ボール箱を使います。CD・DVDはケースに指紋や汚れが付かないように気を付けながら緩衝材で包み封筒に入れます。

スマホ・カメラ

買った時の箱が残っていれば、その箱に入れます。残っていない場合は、エアパッキンで梱包し、代わりの箱に入れます。

おもちゃ・小物

緩衝材で包みます。厚みが5cm以上でも、宅急便コンパクト薄型専用BOXで送れます。

靴

配送中に型崩れしないように、緩衝材か紙をまるめて中に詰め、さらに緩衝材で包んでから、紙袋または箱に入れます。買った時の箱が残っていればその箱に入れて送りましょう。

植物

濡らしたティッシュを巻き付ける、乾いたティッシュやキッチンペーパーで包むなど、植物の性質に合わせて梱包します。第4種郵便の場合は中身がわかるようにするためにお弁当用の透明パックがよく利用されます。

Memo 冷蔵庫・洗濯機・ベッド・ダイニングテーブル

大型家具や家電は、大型らくらくメルカリ便がおすすめです。付属品を用意して置いておくだけでヤマトが梱包・搬出してくれます。テレビや電子レンジなど自分で梱包して送る場合は、緩衝材に包んで段ボールに入れ、隙間にプチプチ・緩衝材か紙などを詰めてください。

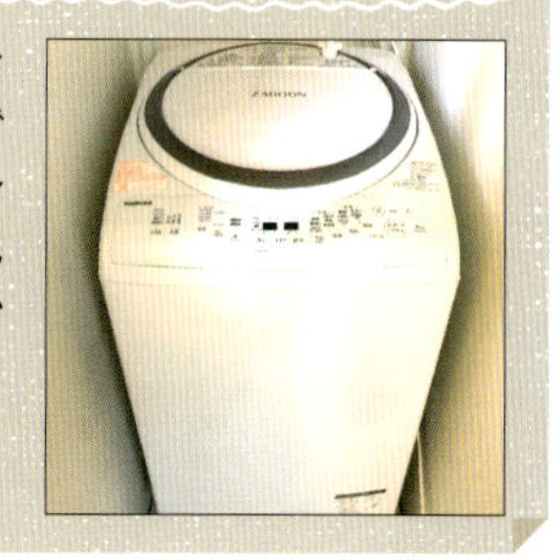

Section 70 梱包に便利なグッズ

商品の発送に慣れていないうちは、梱包に時間がかかることがありますが、メジャーやプチプチ・緩衝材などの梱包グッズをある程度用意しておくとすぐに梱包に取り掛かれます。ここでは、用意しておくと便利な梱包グッズを紹介します。

あると便利な梱包グッズ

はかり・メジャー

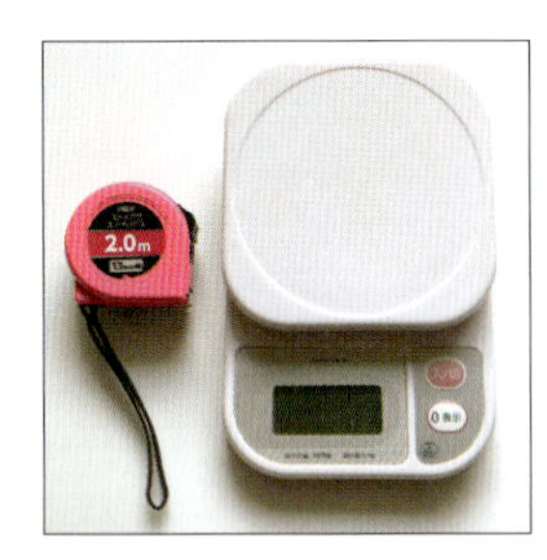

普通郵便やゆうメールは重さによって料金が異なるので、重さをはかるためにはかりがあると便利です。また、宅急便やゆうパックは3辺の長さで送料が異なるので、メジャーで測って計算します。

プチプチ・緩衝材

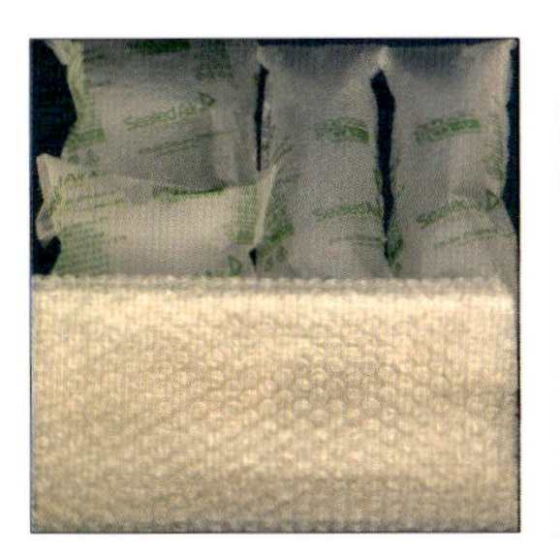

割れやすい物を包むときや、隙間を埋めるとき、型崩れを防ぐときなどに使えます。ネットショップの買い物時に入っていたら取っておくかホームセンターで巻きの状態で買うとお得です。

テープ類

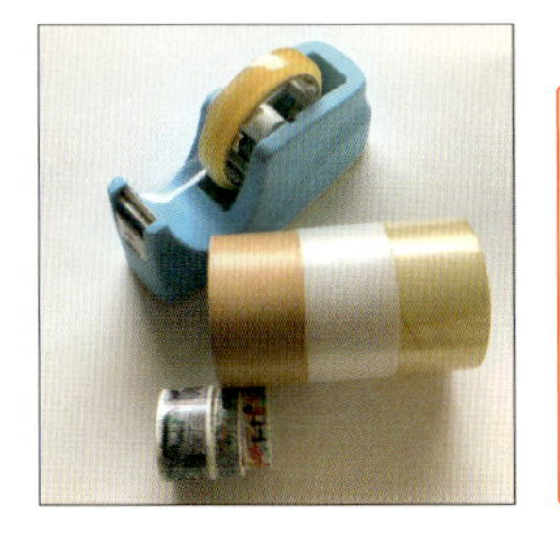

封筒や段ボールを閉じるときに使うテープを用意しておきましょう。マスキングテープは粘着跡が残らないため、ペンやアイライナーなどをまとめるときや厚紙に固定するときに役立ちます。

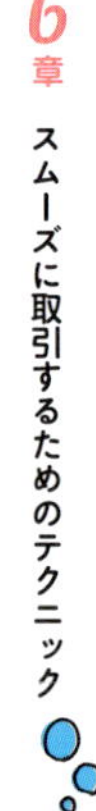

封筒

A4サイズの封筒は、衣類、書籍等いろいろな物に使えるのでストックしておくと役立ちます。100円ショップよりホームセンターで、大袋で買う方がお得です。

OPP袋

OPP袋はプラスチック素材をフィルム状にした透明袋のことです。衣類や本を送る時に、OPP袋に入れてから封筒や袋に入れるとお店の商品のようになります。

空き箱

ヨドバシ.comやAmazonなどのネットショップで買ったときの空き箱がきれいでおすすめです。サイズ違いを3、4個畳んでしまっておきましょう。

Memo ネコポス/ゆうパケット用定規

メルカリストア（メルカリアプリのホーム画面上部にある「ストア」タブを選択して表示）には、ネコポス/ゆうパケット用定規が売られています。この定規の隙間に商品を通せば、「ネコポス」「ゆうパケット」等で送れるか否かがわかります。

商品別おすすめ発送方法

どの発送方法で送るかは出品者が自由に決めることができるのですが、どれで発送したらよいか迷うことがあるかもしれません。ここでは、送料と補償をふまえながら「衣類」や「コスメ」など商品別におすすめの発送方法を紹介します。

種類別おすすめ配送方法

衣類

厚さが3cm以内なら「ゆうゆうメルカリ便（ゆうパケット）（175円）」か「クリックポスト（185円）」。厚さ2.5cm以内であれば「らくらくメルカリ便（ネコポス）（195円）」の方が速く送れます。厚みがある場合は「ゆうゆうメルカリ便（ゆうパック）」か「らくらくメルカリ便（宅急便）」です。

コスメ

アイライナーやアイブロウペンシルのような厚みがないものは、「普通郵便」。厚さが3cm以内のアイシャドウやファンデーションは「ゆうゆうメルカリ便（ゆうパケット）（175円）」、化粧水、香水など厚みがある物は「らくらくメルカリ便（宅急便コンパクト）（380円+箱代65円）」がおすすめです。

アクセサリー

送料を安くするなら「普通郵便」。高価な物は、補償のある「ゆうゆうメルカリ便（ゆうパケット）（175円）」がおすすめです。

本

ゆうゆうメルカリ便（ゆうパケット）か「クリックポスト」がおすすめです。漫画本なら4冊まで送れます。8冊セットなら、クリックポストを2回に分ければ、370（185×2）円で送れます。

CD・DVD

厚さが3cm以内なら「ゆうゆうメルカリ便（ゆうパケット）（175円）」、プチプチ・緩衝材で包んで厚みが出るようなら、「らくらくメルカリ便（宅急便コンパクト）（380円+箱代65円）」がおすすめです。

おもちゃ・小物

厚さが3cm以内なら「ゆうゆうメルカリ便（ゆうパケット）（175円）」、厚みがあるなら「らくらくメルカリ便（宅急便コンパクト）（380円+箱代65円）」や「らくらくメルカリ便（宅急便）」「ゆうゆうメルカリ便（ゆうパック）」がおすすめです。

靴

「ゆうゆうメルカリ便（ゆうパック）」または「らくらくメルカリ便（宅急便）」がおすすめです。

スマホ・カメラ

スマホは、箱なしなら「らくらくメルカリ便（宅急便コンパクト）（380円+箱代65円）」、カメラは「らくらくメルカリ便（宅急便）」または「ゆうゆうメルカリ便（ゆうパック）」がおすすめです。

植物

挿し木や苗は、植物種子や苗木用の第4種郵便で安く送ることができます。ただし、補償はありません。この場合、出品時の発送方法欄は「未定」にします。

テレビ・電子レンジ

160サイズ、25kg以内の物なら、らくらくメルカリ便が使えます。運ぶのが大変な場合は、プラス30円で集荷に来てもらえます。

洗濯機・冷蔵庫・ベッド・ダイニングテーブル

「大型らくらくメルカリ便」で送ります。梱包搬出すべてお任せできるので、処分料を支払って捨てるのではなく、ぜひメルカリに出品しましょう。

Memo 配送ナビで配送方法を探す

<メニュー>をタップし、<ガイド>→<出品について>→<配送ナビ>→<かんたん配送ナビ>をタップすると、<商品の重さはどれくらいですか?>などの質問の画面が表示されるので、タップして進むとおすすめの配送方法を表示してくれます。

Section 72 パソコンでメルカリを使ってみよう

メルカリはスマホのアプリだけではありません。実はパソコンでも売り買いできます。パソコンなら大きな画面で見ることができ、商品一覧には写真と一緒にタイトルと価格が表示されるので欲しい商品が見つかりやすいです。

パソコン版のメルカリにログインする

1 メルカリのPCサイト（https://www.mercari.com/jp/）にアクセスし、「ログイン」をクリックします。

2 メルカリに登録しているメールアドレスとパスワードを入力し、<私はロボットではありません>にチェックを付けます。

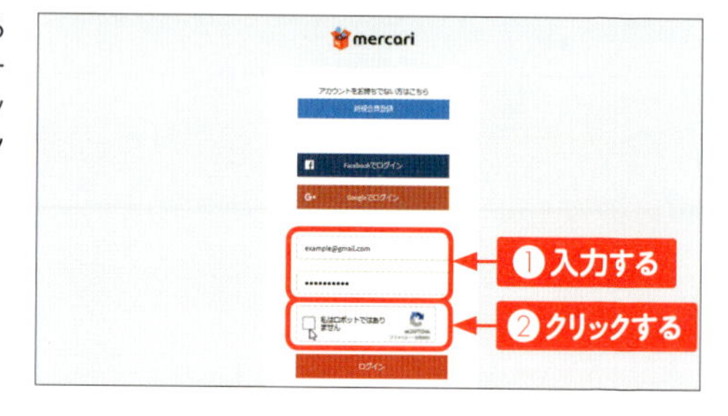

3 「自動車」や「横断歩道」などをクリックするように指示されるので、その写真をクリックしていきます。

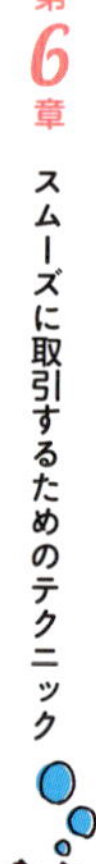

4 ＜ログイン＞をクリックします。

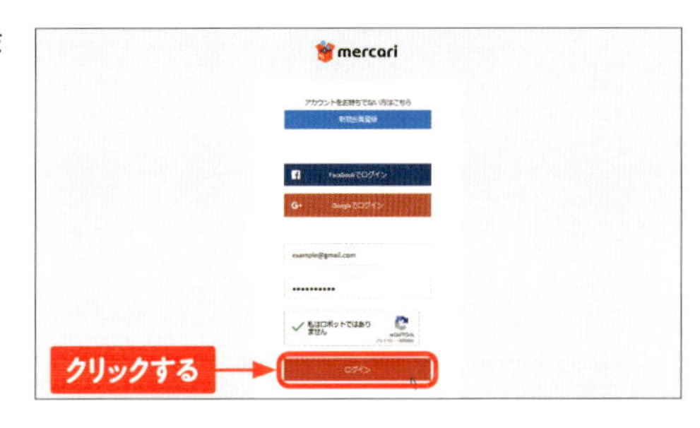

5 メルカリの画面が表示され、購入・出品ができます。ただし、パソコン版では、支払いはクレジットカードのみであったり、ゆうゆうメルカリ便の商品を購入・出品できなかったりなどの制限があります（執筆時2018年12月）。

 メルカリPC版の画面説明

❶検索ボックス	キーワードを入力して商品を検索できます
❷カテゴリーから探す	カテゴリーごとの商品を表示します
❸ブランドから探す	ブランドごとの商品を表示します
❹マイページ	売上金やポイントの確認、いいね!一覧、出品した商品一覧、購入した商品一覧を表示できます
❺お知らせ	メルカリからのお知らせを見ることができます
❻やることリスト	次にやることを表示します
❼出品	出品するときにクリックします

Column

悪い評価を付けられてしまったとき

「悪い」の評価は取引に影響するの?

特に問題なく取引できれば、ほとんどが「良い」の評価を付けてもらえます。ですが、まれに「悪い」の評価を付ける人もいます。一度付けた評価は変更できないため、「悪い」の評価を付けられてしまった場合は、永久に残ってしまいます。
多少のトラブルがあった取引の場合は仕方がありません。その場合は、プロフィール欄に理由を記載しておくとよいでしょう。たとえば、「『悪い』の評価が1つ付いていますが、仕事が忙しく対応に遅れてしまったときに付いたものです。可能な限り迅速・丁寧な対応を心掛けているのでよろしくお願いします」のように記載しておけば、それほど気にする人はいないはずです。たとえ悪い評価が付いてしまっても、落ち込まずにメルカリを続けましょう。
もし、取引がとてもうまくいったのに「悪い」の評価が付いた場合は、メルカリ事務局に相談することも検討してください。

まれに「悪い」の評価が付く場合もあります。理由がある場合はプロフィール欄にそのことを書き、購入してくれる人に安心感を与えましょう。

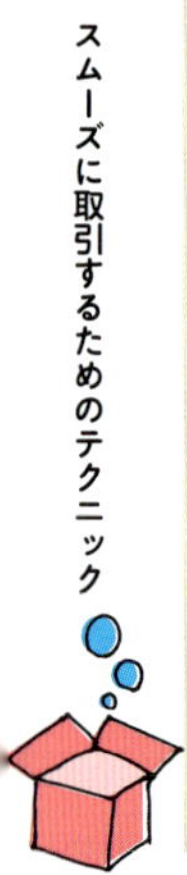

もっと稼ぐ！
商品仕入れのテクニック

Section 73 出品に慣れてきたら商品を仕入れてみよう

メルカリの取引に慣れてくると、他のお店から商品を買ってメルカリで売ってみたいと思う人もいるでしょう。実際にメルカリでお小遣いを稼いでいる人達はたくさんいます。ここでは、転売するときに知っておくべきことを説明します。

転売は問題ない？

メルカリでは、他から仕入れた物を売ることは禁止していませんが、仕入れ先が転売を禁止していたり、転売不可の物を出品することはやめましょう。
メルカリ内で購入した商品をメルカリで出品する場合は、購入金額より著しく高い金額で転売することは禁止されています。サイズが合わなかったなどの理由で、送料や手数料、クリーニング代などを上乗せして出品することは問題ありません。
なお、経済産業省の「インターネット・オークションにおける「販売業者」に係るガイドライン」(http://www.meti.go.jp/policy/economy/consumer/consumer/tokutei/pdf/auctionguideline.pdf)には、家電製品の同一商品を5点以上出品している場合や、CD・DVD・パソコンソフトの同一商品を3点以上出品している場合などは販売業者に該当する、とあります。フリマアプリについては触れていませんが、利益目的で本格的に転売をする場合は、古物商許可を取得しておくことをおすすめします。

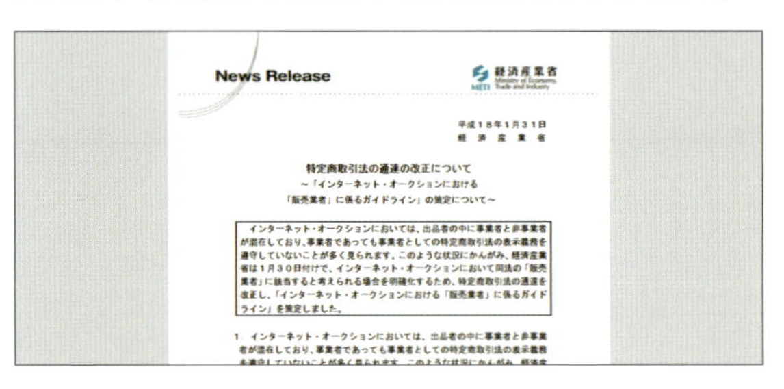

News Release　経済産業省 Ministry of Economy, Trade and Industry METI

平成18年1月31日
経済産業省

特定商取引法の通達の改正について
～「インターネット・オークションにおける
「販売業者」に係るガイドライン」の策定について～

インターネット・オークションにおいては、出品者の中に事業者と非事業者が混在しており、事業者であっても事業者としての特定商取引法の表示義務を遵守していないことが多く見られます。このような状況にかんがみ、経済産業省は1月30日付けで、インターネット・オークションにおいて同法の「販売業者」に該当すると考えられる場合を明確化するため、特定商取引法の通達を改正し、「インターネット・オークションにおける「販売業者」に係るガイドライン」を策定しました。

1. インターネット・オークションにおいては、出品者の中に事業者と非事業者が混在しており、事業者であっても事業者としての特定商取引法の表示義務を

Memo せどりと転売

どちらも基本的には同じ意味ですが、せどりは「仕入れた物を妥当な額で販売すること」で、転売は「入手困難な商品を大量に仕入れて高値で販売すること」と区別して使っている人もいます。「転売」というとお金儲けの意味が強く含まれ、メルカリ利用者の中には好意的に思わない人がいることも知っておきましょう。

どこから仕入れるの?

仕入れ先は、ネットショップ、卸売サイト、リサイクルショップ、フリーマーケット、ネットオークション、フリマアプリなど探せばたくさんあります。ただし、手元にない商品を出品する無在庫販売は禁止です。メルカリで売れてからAmazonなどのネットショップで注文して取り寄せることはできません。また、仕入れ先が転売を禁止している場合もNGです。

主な仕入れ先

ネットショップ	Amazon、楽天市場など
実店舗	コストコ、IKEA、ユニクロ、GU、しまむらなど
卸問サイト	ICHIOKU.net やNETSEAなど
リサイクルショップ	全国にあるリサイクルショップ
フリーマーケット	公園などで開かれているフリーマーケット
ネットオークション	ヤフオク!、モバオク!など
フリマアプリ	ラクマ、ブクマ!など

転売が禁止されている物

Sec.10ではメルカリで禁止されている出品物を説明しましたが、他のお店で普通に売られている物でもメルカリに出品できない物があります。「たばこ」「コンタクトレンズ」「商品券」「使用済みの学生服類」「アダルト商品」などは、他で売っていたからといって出品しないように気を付けてください。また、転売目的で得たチケットや、引換票が必要となるチケットなどの販売も禁止されています。

Section 74 Amazonや楽天市場で買ったものを売ってみよう

Amazonでは、頻繁にセールが開催されていて、いつもの値段より安く手に入ることがあります。大幅に割り引かれた商品を見つけたら、買ってメルカリに出品してみましょう。また、アウトレット売り場には美品も多いので探してみてください。

Amazonの商品を仕入れる

セールで安く買う

Amazonから仕入れる場合は、普段の値段よりも安くなっているセール時が狙い目です。毎日タイムセールが開催されていて、有料のプライム会員になると数量限定タイムセールに30分早く参加することができます。
パソコンでAmazon（https://www.amazon.co.jp/）にアクセスし、上部にあるタイムセールをクリックすると表示できます（スマホのブラウザの場合は左上の ☰ →<カテゴリー>→<タイムセール>をタップ）。また、毎年7月にはプライム会員専用の「プライムデー」という大きなセールもあります。

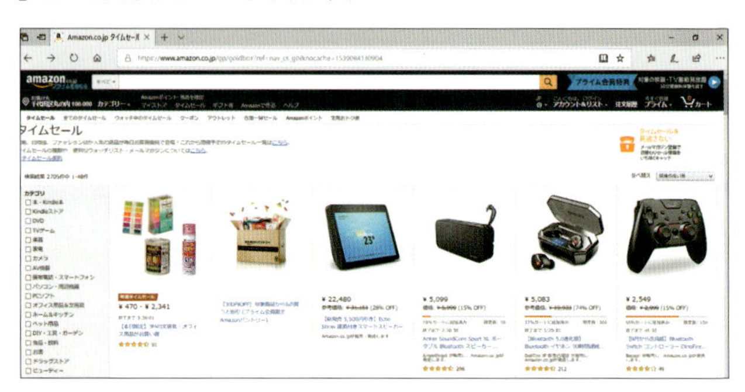

Memo スマホは「Amazonショッピングアプリ」が便利

スマホに「Amazonショッピングアプリ」をインストールしておけば、タイムセールの通知を受け取ることができます。Amazonショッピングアプリを起動し、左上の☰をタップして、<設定>をタップします。<プッシュ通知>をタップし、「タイムセール通知」をオンにします。

高割引率の商品を買う

Offzon（https://offzon.nog.cc/）というサイトでは、Amazonの商品を割引率で探すことができます。9割引きの商品を探す場合は、カテゴリを選択後、<90%オフ以上で>を選択して検索します。

Amazonのアウトレット売り場で買う

Amazonアウトレットには、「倉庫内で梱包に傷を負った商品」や「返品された商品」のうち、商品の状態が良いものが「アウトレット品」としてお得な値段で販売されています。アウトレット商品を表示するには、Amazonトップ画面の検索ボックスで<すべて>をタップして、<Amazonアウトレット>をタップします。

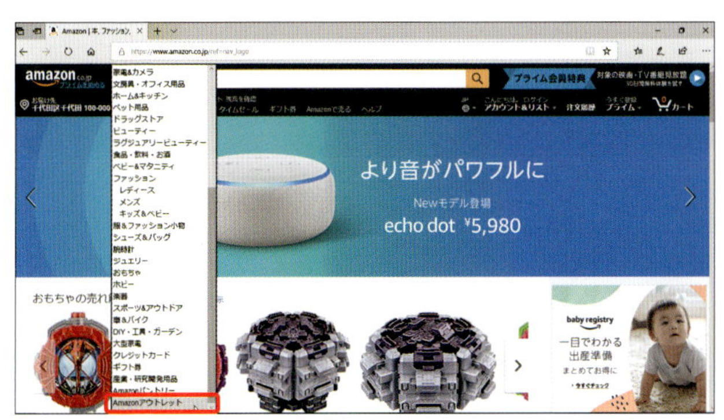

楽天市場の商品を仕入れる

楽天市場も年に4回スーパーセールがあります。また、ショップを買いまわることでポイントの倍率がアップしていく「お買い物マラソン」や、楽天イーグルスが優勝したときの優勝セールの時も狙い目です。

Section 75 大型倉庫店や格安衣料店で買ったものを売ってみよう

店舗の限られる大型倉庫店や家具量販店は、直接店舗へ足を運べない人達が買ってくれるので定期的によく売れます。また、格安衣料店の商品も定価を超えなければ買ってもらえます。セールで売っている時に買って出品してみましょう。

大型倉庫店で買った物を小分けで売る

会員制大型倉庫店のコストコには、大容量の食料品や日用品が売られています。コストコの商品を買ってメルカリに出品すると、近所にコストコがない人や会員になっていない人が買ってくれます。コストコのメールマガジンに登録するとクーポンが送られてくるので、人気商品が安く手に入るようなら出品してみるとよいでしょう。
コストコの商品は大容量なので、そのまま出品するより小分けで出品した方が、「試しに買ってみよう」と思っている人が多いのでより売れやすいです。たとえば、100個入りのオリーブオイルはコストコで2000円位ですが、メルカリに出すと20個800円位で売れます。他にも「チーズソースミックス付きマカロニ」「クリーミーマッシュポテト」「オキシクリーン」などが売れ筋です。

食用オリーブ油

チーズソースミックス付きマカロニ

家具量販店の人気商品を売る

世界最大の家具量販店IKEAの商品も人気があります。ショッピングバック、ジップロック、時計、箸、キャンドル、IKEAのカタログなどはよく売れています。ワゴンセールもあるので売れそうな物を探してみるとよいでしょう。

ショッピングバッグ

ジップロックとカタログ

格安衣料店の商品もよく売れる

メルカリ利用者には、一流ブランドを安く買いたいという人も多いですが、GUやユニクロ、しまむらなどの庶民的なブランドを好む人も多いです。週末セールで安く売られていたら買ってメルカリに出してみましょう。ユニクロやしまむらの子供服は、キャラクターとのコラボ服が狙い目です。

GUのスカート

ユニクロのトップス

Section 76 ネット上の卸問屋で安い商品を買ってみよう

ネット上には卸売り専門のサイトがあります。本格的に商品を仕入れたい人は利用してみるとよいでしょう。また、中国のショッピングサイトからは激安で商品を仕入れることができます。はじめは少しの個数を買ってみるのがコツです。

卸売サイトから仕入れる

イチオクネット（http://ichioku.net/shop/default.aspx）は、小売業者向けの卸売サイトです。レディースファッションやアクセサリーを安く仕入れることができるので、メルカリ以外にもネットショップなどで本格的に商売をする人におすすめです。
また、NETSEA(https://www.netsea.jp/)も、レディースファッションや雑貨を卸売り価格で購入できるサイトです。会員価格でかなり安く仕入れることができます。

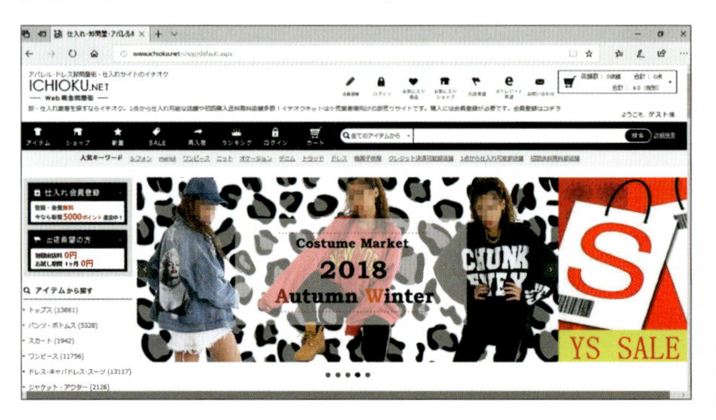

イチオクネット

NETSEA

中国のネットショップから仕入れる

もっと稼ぎたい人には、中国のサイトから仕入れる方法があります。「アリババ」(https://www.1688.com/)には、衣類や雑貨、アクセサリーなどが破格の安さで売られています。ただし、中国語なのでトラブルがあったときに困ります。同じアリババが運営するショッピングモールAliExpress(https://ja.aliexpress.com/)なら、日本語表記なので利用しやすいです。ただし、商品は必ず評価を見てから購入するようにしてください。難がある物、不具合がある物はメルカリで売ったときにトラブルになるので気を付けましょう。

アリババ

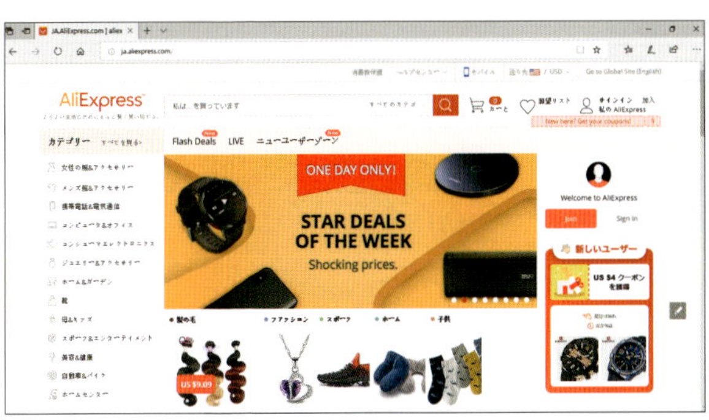

AliExpress

Memo 日本未発売商品も人気

日本では販売していない人気ブランドの商品や、現地限定品などもメルカリでは人気があります。旅行先で購入したり、アメリカのAmazon.com(https://www.amazon.com/)やeBay(https://www.ebay.com/)などをチェックしたりしてみるのもよいでしょう。

Section 77 リサイクルショップやフリーマーケットで買ってみよう

リサイクルショップに行くと、お宝商品が見つかることがあります。「これは!」というものを見つけたら買って出品してみましょう。また、フリーマーケットでは素人が不要品を売っているのでお得な掘り出し物が見つかることがあります。

リサイクルショップで買う

メルカリやオークションなどのサービスを利用していない人たちは、着なくなった服や本、家具などの不要品をリサイクルショップに持ち込みます。リサイクルショップ側も儲けたいので、買い取った額に上乗せして売っていますが、メルカリならもっと高く売れる物もあるので、探してみるとよいでしょう。特に地方のリサイクルショップにはお宝が眠っている可能性があります。

フリーマーケットで買う

公園や広場で開催されているフリーマーケットは、高く売るというよりも不要品の処分目的で売っているので、安く手に入れることができます。また、値下げをお願いするとさらに安くしてくれるケースも多いです。大きなフリーマーケットの場合は、たくさんの人が集まるので、良品、人気商品を買いたいなら開始時間と同時に回ることをおすすめします。

売れ残りを防ぐ方法

せっかく仕入れても売れ残ってしまったら、赤字になり、保管場所にも困ります。そうならないように売れそうな人気商品を調べてから仕入れるようにしましょう。また、季節外れの物を出品しても売れないので、時期を考えて出品しましょう。

人気商品と季節がポイント

はじめのうちは大量に仕入れることはやめておきましょう。そして、あらかじめ今売れている商品やこれから流行りそうな商品を調査し、メルカリで売れそうな物を仕入れるようにしましょう。
Amazonで売れている商品は、メルカリでも売れやすいです。モノレート（https://mnrate.com/）というサイトでは、Amazonの売れ筋商品を調べることができるので、参考にしてみましょう。

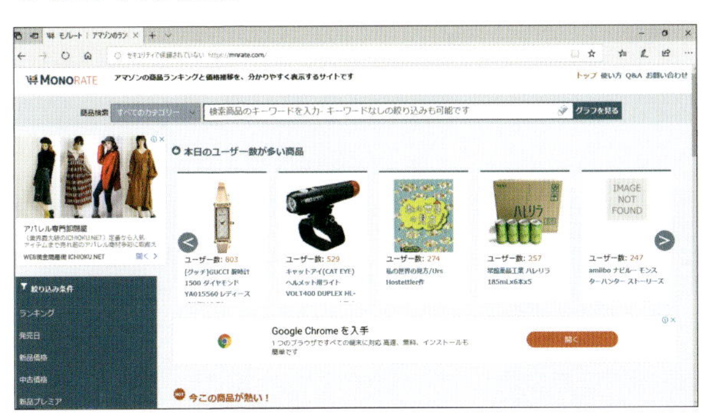

モノレート

また、テレビで放送されたグッズやタレントがSNSで紹介したグッズは爆発的に売れることがよくあります。自分が欲しいと思う物ではなく、多くの人が欲しがりそうな物を仕入れるようにしましょう。
在庫を増やさないために、季節はずれのものを仕入れないこともポイントです。入学や引っ越しのシーズンに向けて、文房具やランドセルなどを仕入れたり、夏に向けて、水着や浴衣、扇風機などを仕入れたりなど、シーズンごとの商品を仕入れるようにすれば、売れ残りのリスクを軽減できます。

Column

仕入れ販売時に注意すべきこと

偽物のブランド品の出品は絶対にNG

安く仕入れようとすると問題がある物を買ってしまうこともあります。特に気を付けなければならないのは、ブランド品です。もし、偽物だった場合、そのままメルカリに出品すると法律違反になるので、信頼できるお店から買うようにしてください。ネットショップなど直接手に触れることができない場合は、疑問点をショップに確認するとよいでしょう。

外箱が潰れていても出品は可能

出品時には、再度商品をチェックしてください。傷があったり、作動しなかったりなど、不具合があるままメルカリに新品として出品すると、購入者とのトラブルになるので気を付けてください。

外箱は、傷があったり、つぶれたりしていても中身が新品であれば、新品・未使用品として出品できます。こういった商品は、訳アリ商品としてインターネット上でも安く販売されていることがあるので、仕入れてみてもよいでしょう。ただし、後でクレームが来たら困るので、商品欄に箱がつぶれていることを記載し、写真も載せておきましょう。

ブランド品は偽物に注意

箱潰れも出品できます

こんなときどうする？メルカリQ&A

Section 79 キャンセルってできるの？

ネットショップの場合は、購入後にキャセルできることがありますが、メルカリの場合は、基本的に購入後のキャンセルができないので、よく考えてから購入しましょう。ただし、やむを得ない状況の場合にはキャセルできます。

条件によってはキャンセルできる

基本的に購入後はキャンセルできないので、購入する際は慎重に操作してください。出品側は、購入者が代金を支払ってくれない場合はキャンセルを申請できます。取引画面の下部にある<この取引をキャンセルする>をタップし、キャンセル理由を入力して、<キャンセルを申請する>をタップします。なお、キャンセル後は取引画面が削除され、購入者にメッセージを送れなくなるので、本当にキャンセルしてよいか考えて操作してください。

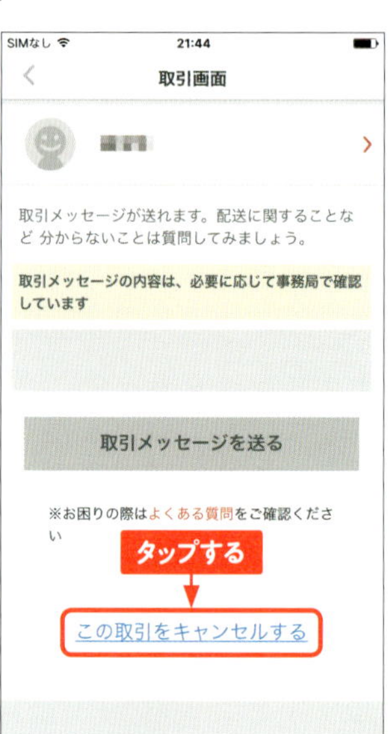

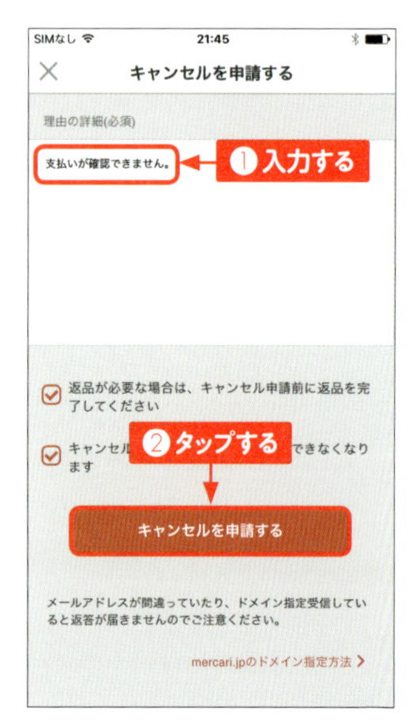

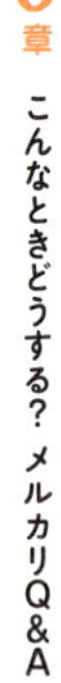

その他、商品に不備が見つかったなど特別な事情がある場合にキャンセルできますが、出品者も購入者も自己都合によるキャンセルが続くと、警告や利用制限の対象となるので気を付けてください。

別の商品を送ってしまった・別の商品が届いた

同時期に複数の商品が売れた場合、間違えて別の商品を送ってしまうことがあるかもしれません。ミスをしないのが一番ですが、そのようなことが起きたら落ち着いて対処してください。購入者が気づいた場合は受取評価を入れずに出品者に連絡します。

返品する

発送後に間違えたことを気づいたときには、購入者に別の商品を送ってしまったことを取引画面のメッセージ欄から連絡し、着払いで返送してもらいます。メルカリ事務局にもホーム画面の≡→<お問い合わせ>→<お問い合わせ項目を選ぶ>→<取引中の商品について>をタップし、「出品した商品」タブにある商品をタップし、<その他>→<お問い合わせする>をタップして、状況を入力して送信します。連絡が来たら、本来の商品を送ります。購入者がキャンセルを希望している場合は、Sec.79を参考にキャンセル手続きをしてください。
反対に、購入者が受け取ったときに別の商品であることを気付いた場合は、受取評価を付けずに、出品者に連絡し、キャンセルか再発送かを決めて、着払いで返送してください。

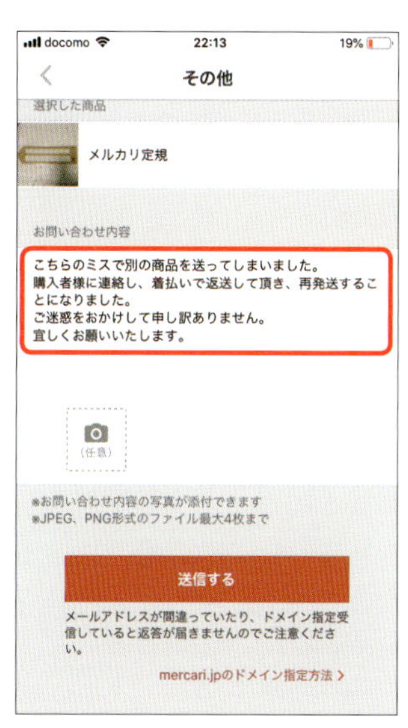

商品が届かない！

発送完了の連絡が来ていたのに、商品がなかなか届かない場合は配送中にトラブルがあったのかもしれません。メルカリ便とその他の発送方法では問い合わせ先が異なり、メルカリ便の場合はメルカリ事務局に問い合わせます。

メルカリ便はメルカリ事務局に問い合わせる

商品が届かない場合は、受取評価を入れずに、まずはポストの中をよく確認してください。不在通知票が入っていないかも確認しましょう。
メルカリ便の場合は、配送会社に問い合わせるのではなく、メルカリ事務局に問い合わせます。ホーム画面の≡→<お問い合わせ>→<お問い合わせ項目を選ぶ>→<取引中の商品について>をタップし、「購入した商品」タブにある商品をタップし、<商品が届かない・配送中の破損>→<お問い合わせする>をタップして、配送方法や経緯などを入力して送ります。
通常のヤマト便の場合はヤマト運輸に、ゆうパックやレターパック、クリックポストの場合は日本郵便に問い合わせてください。普通郵便の場合は、日本郵便のホームページ(https://www.post.japanpost.jp/)から調査依頼することが可能です。調べた結果、紛失した場合は、メルカリのお問い合わせ画面から、調査受付番号とパスワードをメルカリ事務局に連絡してください。

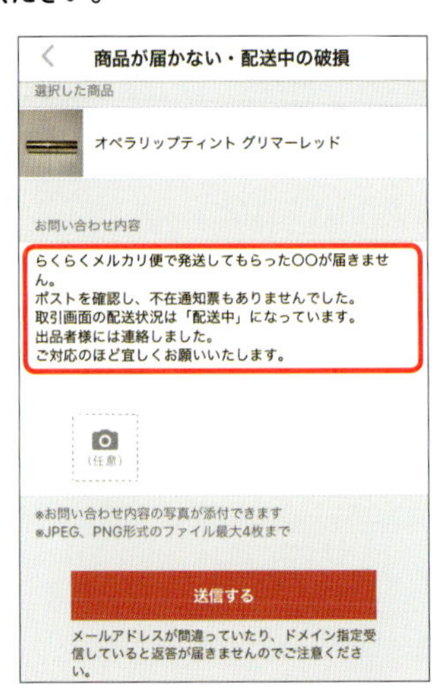

届いた商品が壊れていた！

届いた商品が壊れていたらがっかりしますが、出品者に伝えれば返品できます。お金も戻ってくるので安心してください。話し合いでトラブルになりそうなときはメルカリ事務局に入ってもらいましょう。

 出品者に連絡する

届いた商品が「壊れていた」という場合は、返品することができます。その際、受取評価は入れないでください。取引画面のメッセージ欄を使って「壊れていたので返品させてください」と出品者に伝えます。このような場合、たいていの出品者は「着払いで返送してください」と希望しますが、もし出品者から返信がない場合やもめてしまった場合は、メルカリに間に入ってもらいます。ホーム画面の≡→<お問い合わせ>→<お問い合わせ項目を選ぶ>→<取引中の商品について>をタップし、「購入した商品」タブにある商品をタップし、<商品に不備がある>→<お問い合わせする>をタップして、状態や状況を入力し送信します。メルカリ事務局から連絡が来たら指示に従って対処してください。

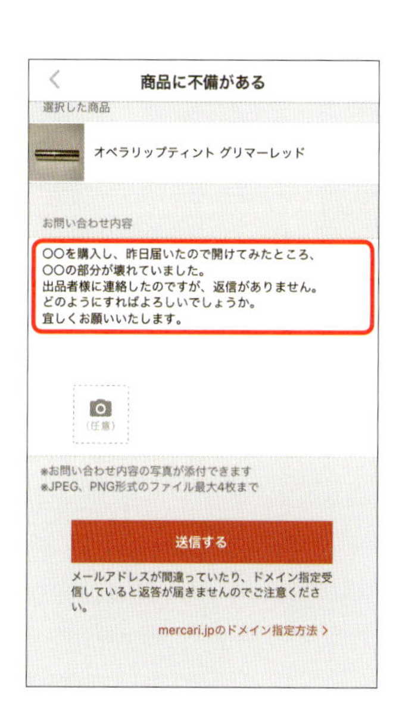

Section 83

届いた商品を返品したいと言われた

メルカリの規約上、購入した物を返品することができません。ただし、商品に問題があった場合は返品できます。返品する場合は、メルカリ事務局にその旨を伝えましょう。また、返金についてはメルカリを通して行います。

商品に問題があった場合は返品に応じる

メルカリ利用規約（第16条）では、「商品に瑕疵がある場合又は品違いの場合を除き、売買のキャンセル・商品の返品を行うことはできない」とあります。購入者が返品したいと言ってきたら、商品に問題があった場合以外は返品できないことを伝えましょう。
商品に問題があった場合や返品に応じることができる場合は、メルカリ事務局に連絡し、返品の手続きをしてください。ホーム画面の☰をタップし、<お問い合わせ>→<お問い合わせ項目を選ぶ>→<取引中の商品について>をタップします。<出品した商品>タブにある商品を選択し、<商品に不備がある>（あるいは<その他>）→<お問い合わせする>をタップし、状況や経緯などを入力して事務局に送信します。
返品するときの送料は、出品者側に落ち度がある場合は出品者負担、購入者の自己都合なら購入者が負担するのが一般的です。話し合って決まらない場合はメルカリ事務局に相談してください。
なお、返金については、必ずメルカリを通すことになっているので、相手の銀行口座に直接振り込んだり、現金を送ったりしないようにしてください。

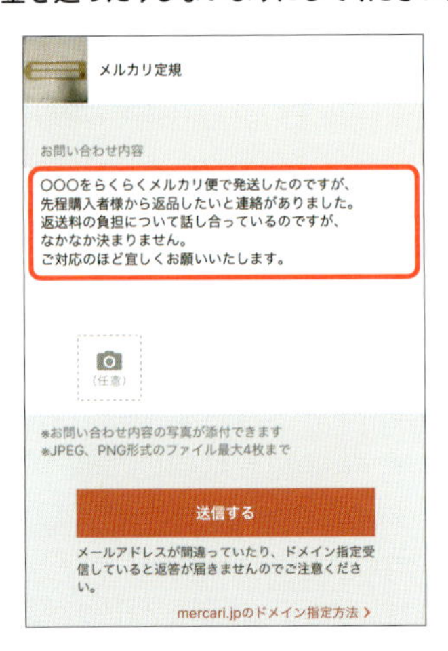

「いいね!」が付くのに商品が売れない！

いいね!が付くというのは、興味を持っている人がたくさんいるということです。いつまで経っても売れない場合は、何か原因があります。チェックすべき項目をピックアップしたので参考にしてください。

出品した商品を見直す

商品紹介文に加筆する

ホーム画面の≡の<出品した商品>をタップし、閲覧数（商品名の下にある◉の数字）が多ければ売れる可能性があります。タイトルや商品紹介文を詳しく書いてみましょう。Sec.59で説明したハッシュタグも追加してください。ただし、ハッシュタグが多すぎると商品が削除されるなどのペナルティがあるので気を付けてください。

商品価格を見直す

Sec.29の商品価格の決め方を参考にし、妥当な値段であるか確認してください。メルカリ利用者は相場より高いと買ってくれません。

出品時期が適切かどうか確認する

時期外れの出品が原因の場合もあります。たとえば、プリンターは年賀状の印刷の時期になると売れます。入学準備品やクリスマス商品など季節イベントに関連した商品は、その時期に出品した方が売れます。

再出品する

一旦商品を削除し、利用者が多そうな時間帯を狙って再出品すると売れることもあります。夜の10時頃あたりが最も利用者が増える時間帯です。特に土日の夜はいろいろな物が売れます。子供用品は平日の昼間でも売れます。

購入されたのに支払いがない

商品を購入したものの、忙しくてすぐに支払いができない人もいます。催促せず、少し待ってから聞いてみましょう。もし、支払いが無い状態が続いた場合はSec.79で説明したようにキャンセルすることもできます。

購入者に支払いをお願いする

コンビニ払いやATM払いで購入があった場合、なかなか支払ってくれないことがあります。支払いに行けない理由があるのかもしれないので、少し待ってあげましょう。それでも支払われない場合は、取引画面のメッセージ欄に「先日はご購入ありがとうございました。まだ支払いが済んでいないようですが、いつ頃になりますか?」と聞いてみましょう。返信がなく、一向に支払われない場合は、Sec.79を参考にし、取引画面の下部にある<この取引をキャンセルする>をタップし、キャンセル理由を入力して、<キャンセルを申請する>をタップします。

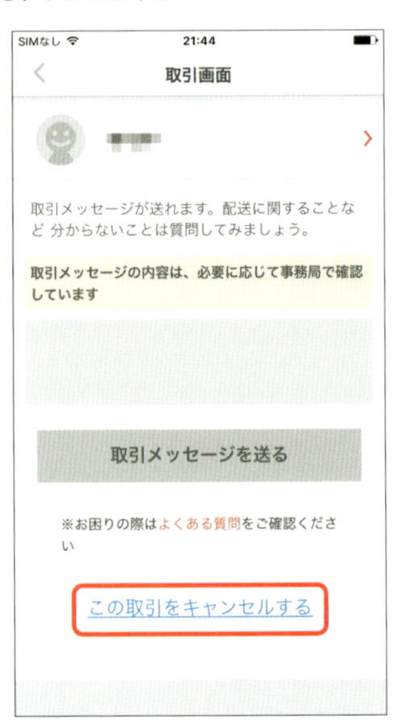

受取評価がされない

ネットショップでは受け取った後の評価は必須ではないですが、メルカリでは評価を入れないと取引が完了しません。出品者から評価を付けることはできないので、評価が付かない場合は連絡してみましょう。

購入者に評価をお願いする

メルカリでは、購入者が受取評価を付けないと、売上金が入ってきません。毎日ポストを見ない人や、メルカリを始めたばかりで気づかない人もいますが、いつまで経っても評価を付けてくれない場合は、取引画面のメッセージ欄から「先日はご購入ありがとうございました。商品はお手元に届きましたでしょうか?すでに届いているようでしたら評価をお願いします」と送ってみましょう。それでも評価を付けてくれない場合は、発送通知をした9日後の13時に自動的に取引が完了します。あるいは、発送通知をした8日後の13時以降かつ購入者の最後の取引メッセージから3日後の13時以降に、<受取評価を依頼する>ボタンが表示されるのでタップします。

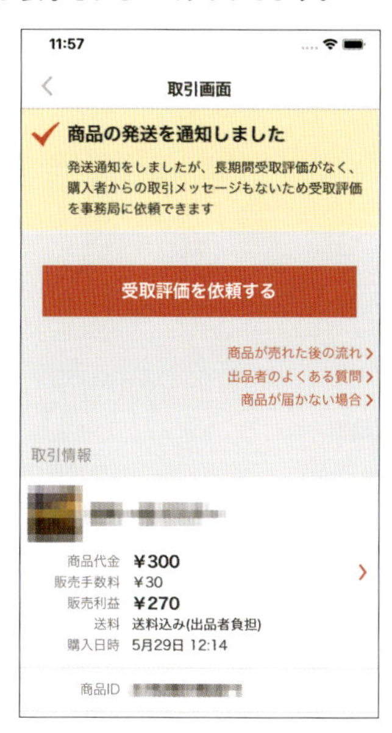

「〇〇様専用」という商品は買っていいの？

メルカリでは「〇〇様専用」というタイトルの商品をよく見かけます。これは特定のユーザー用の商品という意味です。トラブルになりやすいのでメルカリでは認めていませんが、今でもよく使われているので、どのようなものか知っておきましょう。

専用商品は買わない方がよい

「〇〇様専用」と書かれた商品は、他の誰かと値引きやセット販売などの交渉をしている商品です。独自ルールなので、誰でも購入できてしまうのですが、他人専用の商品と言っているので、手を出さない方が無難です。もし、間違えて専用商品を買ってしまった場合は、取引画面のメッセージ欄で出品者に相談してみるとよいでしょう。

対応できない要求をされたときはどうしたらよい？

「半額で売ってください」「先に評価を入れてください」など、無理なことを言ってくる人もいるかもしれません。そのようなときの対処法を紹介します。メルカリを楽しく続けるにはどんなときも落ち着いて対応することです。

低姿勢で断る

メルカリ利用者には、いろいろな人がいるので、無理な要求をしてくる人もいます。たとえば、「先に評価を入れてください」と言われた場合は、「申し訳ありませんが、商品を受け取った後でないと評価を付けられません。ごめんなさい」と返信してください。たとえ、無理な要求だったとしても、低姿勢で答えるのがトラブルにならないコツです。悪いことをしているわけではないのですが、「ごめんなさい」の一言を入れると相手が不快になることはありません。

コメントで嫌がらせをされた！

頻繁にあることではないですが、商品のコメント欄に不快なことを書かれた場合は、出品者はそのコメントを削除することができます。一方、書き込んだ側は削除できないので、不快に思われるようなことを書かないようにしましょう。

コメントは削除できる

不快なコメントや商品と無関係のコメントがあったときには、そのコメントを削除できます。商品ページの<すべてのコメントを見る>をタップし、削除したいコメントにある🗑をタップし、<削除>をタップします（Androidでは右上の⚑をタップし、<コメント削除>をタップして<削除>をタップ）。もし、何度も不快なコメントが続くようなら、Sec.90の方法でユーザーをブロックすることもできます。暴言や脅迫、誹謗中傷、個人情報の公開など質の悪いコメントの場合は、そのコメントにある⚑をタップして（Androidでは右上の⚑→「事務局へ報告」→<報告>をタップ）メルカリ事務局に報告しましょう。

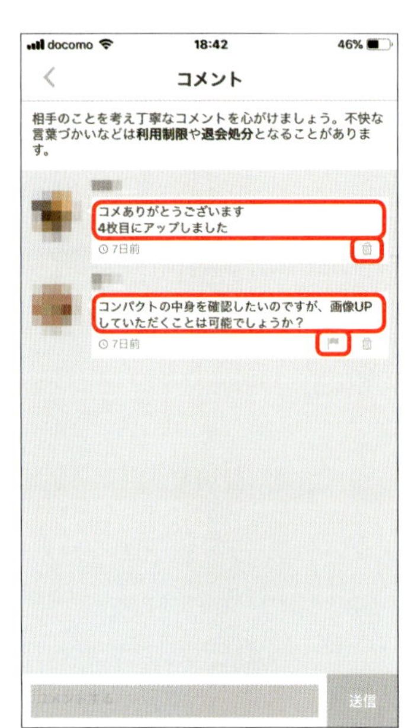

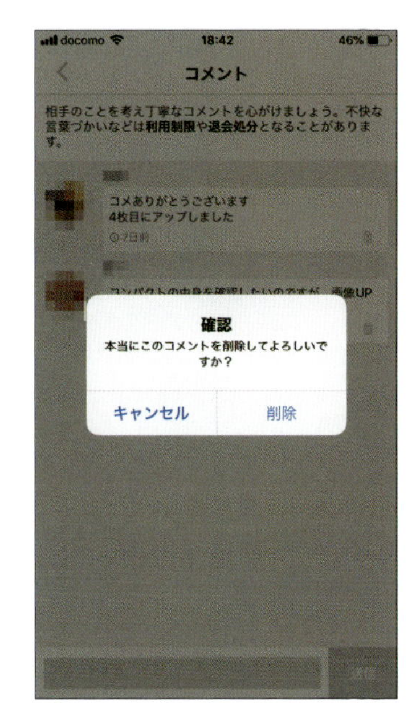

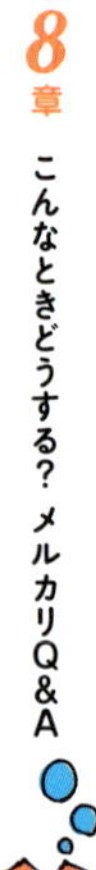

ユーザーをブロックしたい

購入してほしくない人、コメントを付けてほしくない人がいたら、ブロックすることができます。ただし、ブロックされたことでトラブルになっても困るので、どうしてもという場合以外はあまりブロック機能は使わないほうがよいでしょう。

相手のプロフィールページからブロックする

嫌がらせをする人をブロックしたいときには、ユーザーのプロフィールページを表示させ、右上の…(Androidでは⋮)をタップし、<この会員をブロック>をタップし、<はい>をタップします。以降、その人からの商品の購入、コメント、いいね!、フォローがなくなります。ブロックしたことは相手に通知されませんが、いいね!やコメントを付けようとしたときにはブロックされていることが表示されます。もし、間違えてブロックしてしまった場合は、…(Androidでは⋮)をタップし、<ブロック解除>をタップします。ブロックした一覧を見る場合は、ホーム画面の≡→「設定」→「ブロックした一覧」をタップします(執筆時点ではiPhoneのみ)。

Section 91 夜間の通知がうるさい

夜中でもメルカリを使っている人がいるので、寝ている時に「いいね!」やコメントが付くこともあります。それらの通知が頻繁にきてうるさいと感じる場合は、スマホを夜間モードに設定すると夜間は通知されません。

夜間モードを設定する

メルカリのホーム画面で≡→<設定>→<お知らせ設定>で通知をオフにすることができますが、昼間の通知が届かないと取引に支障をきたします。スマホ本体の設定画面に夜間の通知をオフにする設定があるので試してみましょう。iPhoneの場合は、「設定」アプリの<おやすみモード>をオンにします。Androidでは機種によって設定方法が異なり、夜間モードが設定できないものもあります。

iPhoneのおやすみモード

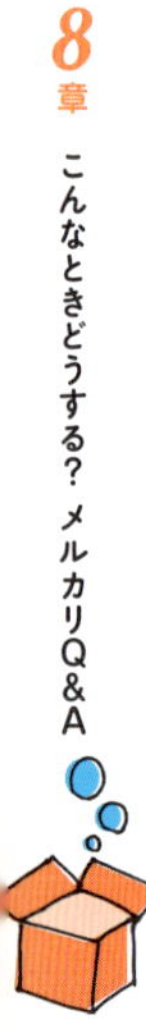

アカウントの利用が制限されてしまった！

メルカリでは、利用者の安心・安全を守るために24時間体制で監視しています。禁止行為があった場合は、警告や利用制限の対象となります。悪質な場合は強制退会となり、永久にメルカリが使えなくなることもあります。

反省して解除されるのを待つ

Sec.10で説明した禁止行為や禁止商品の出品をするとアカウントの利用を制限されることがあります。その際には、メルカリ事務局から連絡が来るので、ホーム画面の右上の🔔をタップして確認してください。いつ解除されるかはメルカリ次第なのでわかりません。
一時的な利用停止だけでなく、強制的に退会させられることもあるので、違反しないように日頃から気を付けることが大事です。今一度、ガイドにある「ルールとマナー」と「利用規約」を確認しておきましょう。

スマホを買い替えたときはどうする？

今まで使っていたスマホから新しいスマホに替える時、データのバックアップを取ったり、アカウントを作り直したりする必要はありません。同じアカウントを使って今まで通りに使うことができます。

今までのアカウントでログインする

スマホを買い替えた場合、新規登録する必要はありません。機種を変更する前に登録しているメールアドレスを確認しておきましょう。パスワードがわからない場合はSec.94の方法で再設定することが可能です。新しいスマホに、メルカリアプリをインストールし、<ログイン>をタップして、<メールまたは電話番号でログイン>をタップし、これまで使っていたアカウントでログインします。メルカリでは1人1アカウントという決まりがあるので、スマホが新しくなったからといって新しいアカウントを作成しないようにしましょう。

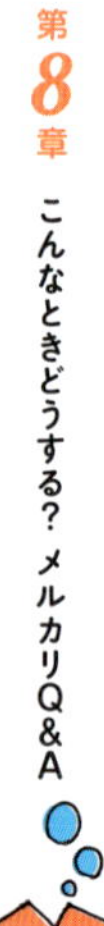

パスワードを忘れてしまった

パソコンでメルカリを使う時やスマホを買い替えた時に、ログインしようとしたらパスワードを忘れてしまったということがあるかもしれません。そのような時は、新しいパスワードを作成してログインできます。

パスワードを再設定する

新しいスマホで、パスワードを忘れてログインできない場合などは、ログイン画面にある<パスワードを忘れた方はこちら>をタップして、メールまたは電話番号を入力して<パスワードをリセットする>をタップします。メールまたはSMSで送られてきたリンクをタップして新しいパスワードを設定します。
パソコンの場合も、<ログイン>をタップして、<パスワードをお忘れの方>をタップし、メールアドレスを入力して、パスワードを再設定します。

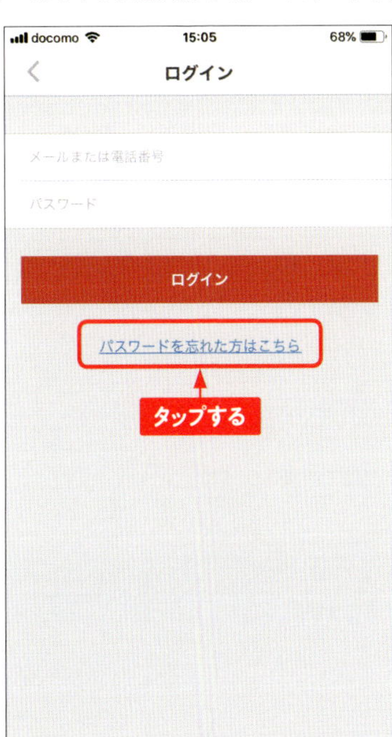

メルカリでわからないことを質問したい

メルカリを使っていうちに、わからないことが出てくるかもしれません。ガイドを調べても載っていない場合は、メルカリボックスを見てみましょう。メルカリボックスは、メルカリ公式の掲示板なので安心して利用できます。

メルカリボックスを利用する

メルカリでわからないことを質問できる「メルカリボックス」があります。メルカリボックスを表示するには、ホーム画面の≡→<ガイド>→<解決策を検索または質問する>をタップします。あるいは、≡→<お問い合わせ>→<解決策を検索または質問する>をタップします。

まずは、過去に同じような質問が出ている場合もあるので、質問する前に検索ボックスにキーワードを入力して調べてみましょう。たとえば、「値下げ」について聞きたいときには、検索ボックスに「値下げ」と入力して<検索>をタップします。

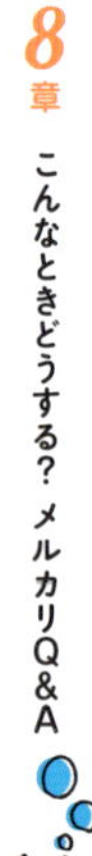

メルカリを退会したい

一時的にメルカリを止めたいときには、Sec.40の方法で出品物を停止しておけばよいのですが、今後一切利用しないという場合は退会することもできます。その際、取引中の商品がある場合は、取引が完了してからの退会となります。

 取引を完了してから退会する

まずは、出品中の商品があれば削除してください。取引中の商品がある場合は、取引が完了するまで退会できません。また、売却済みの商品は、最終取引メッセージから2週間を経過しないと退会できません。
売上金がある場合は、買い物で使うか振込申請しておきましょう。振込申請をしている場合は、口座に振り込まれたことを確認してから退会します。
手続きは、ホーム画面の≡→<お問い合わせ>→<お問い合わせ項目を選ぶ>→<アプリの使い方やその他>→<退会したい>→<お問い合わせする>をタップします。退会の理由を選択し、2箇所にチェックを付けて<上記に同意して退会する>をタップします。

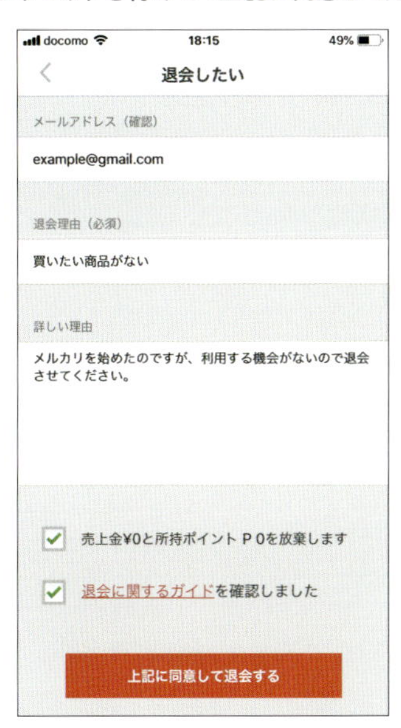

索引 *Index*

アルファベット

あ行

か行

さ行

た～な行

は行

ま行

や～ら行

お問い合わせについて

本書に関するご質問については、本書に記載されている内容に関するもののみとさせていただきます。本書の内容と関係のないご質問につきましては、一切お答えできませんので、あらかじめご了承ください。また、電話でのご質問は受け付けておりませんので、必ずFAXか書面にて下記までお送りください。
なお、ご質問の際には、必ず以下の項目を明記していただきますようお願いいたします。

1 お名前
2 返信先の住所またはFAX番号
3 書名
（ゼロからはじめる メルカリ お得に楽しむ！ 活用ブック）
4 本書の該当ページ
5 ご使用のソフトウェアのバージョン
6 ご質問内容

なお、お送りいただいたご質問には、できる限り迅速にお答えできるよう努力いたしておりますが、場合によってはお答えするまでに時間がかかることがあります。また、回答の期日をご指定なさっても、ご希望にお応えできるとは限りません。あらかじめご了承くださいますよう、お願いいたします。ご質問の際に記載いただきました個人情報は、回答後速やかに破棄させていただきます。

■ お問い合わせの例

FAX

1 お名前
技術 太郎
2 返信先の住所またはFAX番号
03-XXXX-XXXX
3 書名
ゼロからはじめる
メルカリ お得に楽しむ！
活用ブック
4 本書の該当ページ
40ページ
5 ご使用のソフトウェアのバージョン
iPhone 7 (iOS 11.2.2)
6 ご質問内容
手順3の画面が表示されない

お問い合わせ先

〒162-0846
東京都新宿区市谷左内町21-13
株式会社技術評論社 書籍編集部
「ゼロからはじめる メルカリ お得に楽しむ！活用ブック」質問係
FAX番号 03-3513-6167
URL：https://book.gihyo.jp/116

ゼロからはじめる メルカリ お得に楽しむ！活用ブック

2019年2月8日 初版 第1刷発行

著者 ………… 桑名 由美
発行者 ………… 片岡 巌
発行所 ………… 株式会社 技術評論社
東京都新宿区市谷左内町21-13
電話 ………… 03-3513-6150 販売促進部
03-3513-6160 書籍編集部
編集 ………… 伊藤 鮎
装丁・本文デザイン ………… 神永愛子（primary inc.,）
DTP ………… マップス
機材協力 ………… 株式会社NTTドコモ
製本／印刷 ………… 図書印刷株式会社

定価はカバーに表示してあります。

ISBN978-4-297-10304-0 C3055

Printed in Japan